故宮裏的大怪獸

MONSTERS IN THE FORBIDDEN CITY

9 獨角女孩

常怡 著

中華教育

故宮裏的大怪獸 9

獨角女孩

常怡／著
麼麼鹿／繪

責任編輯　梁潔瑩
裝幀設計　陳淑娟　池嘉慧
排　　版　池嘉慧
地圖繪製　蔣和平
印　　務　劉漢舉

出版　**中華教育**
香港北角英皇道四九九號北角工業大廈一樓B
電話：（852）2137 2338
傳真：（852）2713 8202
電子郵件：info@chunghwabook.com.hk
網址：http://www.chunghwabook.com.hk

發行　**香港聯合書刊物流有限公司**
香港新界大埔汀麗路三十六號
中華商務印刷大廈三字樓
電話：（852）2150 2100
傳真：（852）2407 3062
電子郵件：info@suplogistics.com.hk

印刷　**美雅印刷製本有限公司**
香港觀塘榮業街六號海濱工業大廈四樓A室

版次　**2020年9月第1版第1次印刷**

規格　**32開（210mm×153mm）**

ISBN　**978-988-8676-51-4**

本書主角

李小雨

因為媽媽是故宮文物庫房的保管員，所以她可以自由進出故宮。意外撿到一枚神奇的寶石耳環後，發現自己竟聽得懂故宮裏的神獸和動物講話，與怪獸們經歷了一場場奇幻冒險之旅。

梨花

故宮裏的一隻漂亮野貓，是古代妃子養的「宮貓」後代，有貴族血統。她是李小雨最好的朋友。同時她也是故宮暢銷報紙《故宮怪獸談》的主編，八卦程度讓怪獸們頭疼。

楊永樂

夢想是成為偉大的薩滿巫師。因為父母離婚而被舅舅領養。舅舅是故宮失物認領處的管理員。他也常在故宮裏閒逛，與殿神們關係不錯，後來與李小雨成為好朋友。

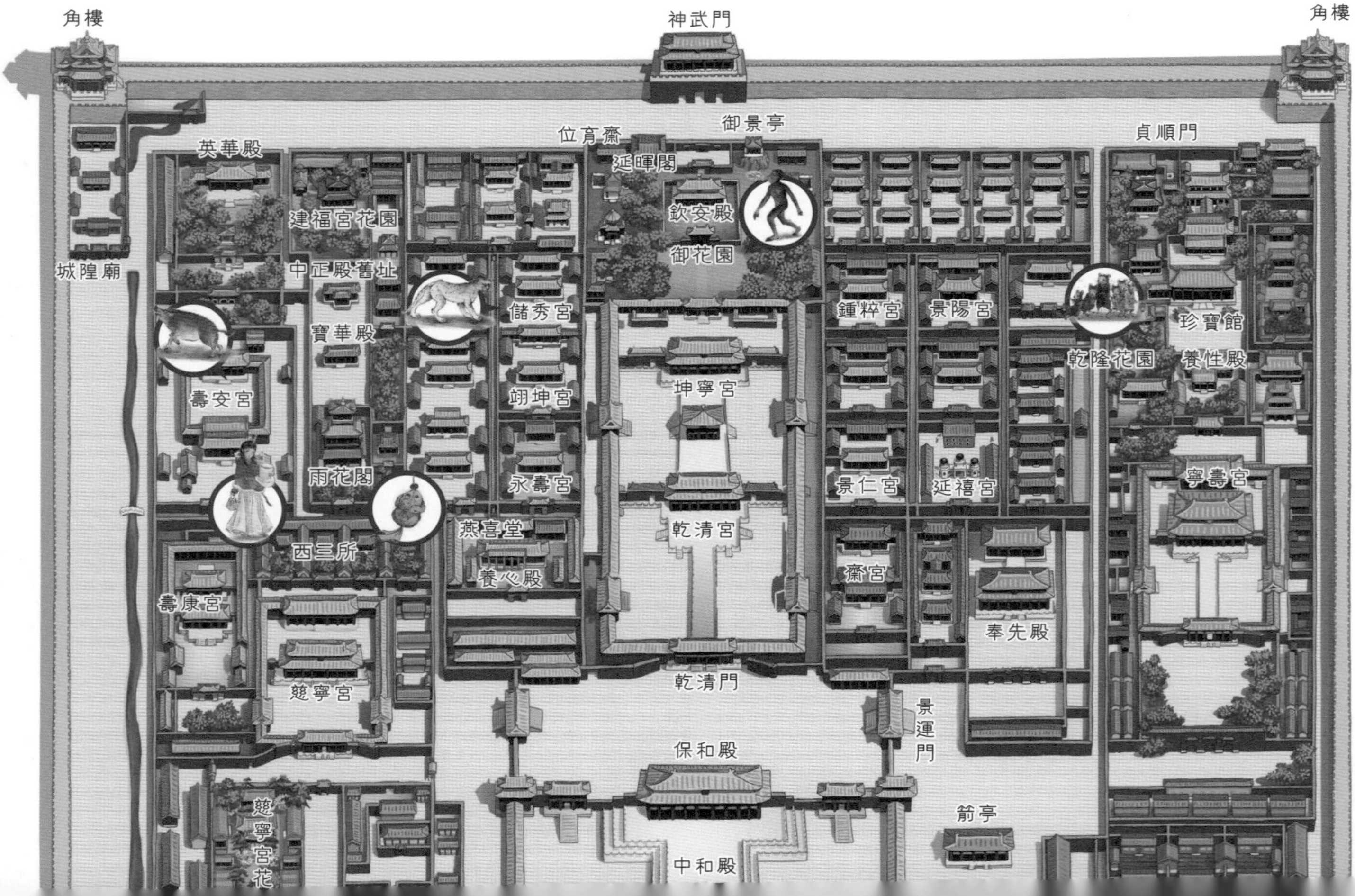
角樓
神武門
角樓
位育齋
御景亭
貞順門
英華殿
延暉閣
欽安殿
建福宮花園
御花園
城隍廟
中正殿舊址
儲秀宮
鍾粹宮
景陽宮
珍寶館
寶華殿
乾隆花園
養性殿
壽安宮
翊坤宮
坤寧宮
雨花閣
永壽宮
景仁宮
延禧宮
寧壽宮
燕喜堂
乾清宮
西三所
齋宮
養心殿
壽康宮
奉先殿
慈寧宮
乾清門
景運門
保和殿
箭亭
慈寧宮花
中和殿

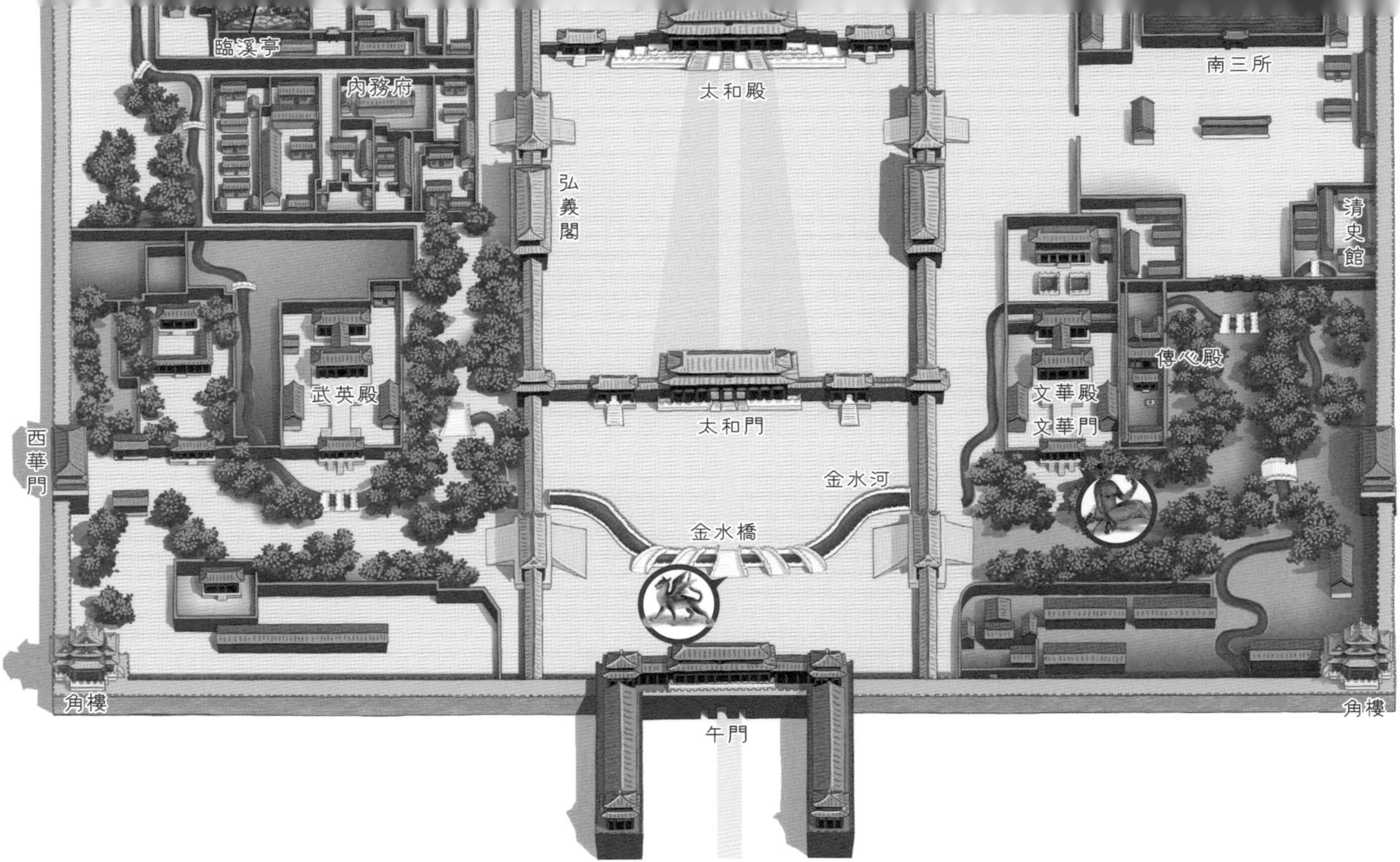
臨溪亭
內務府
太和殿
南三所
弘義閣
清史館
傳心殿
武英殿
文華殿
太和門
文華門
西華門
東華門
金水河
金水橋
角樓
午門
角樓

故宮怪獸地圖

角色檔案

獨角女孩

腦門上長着一枚犄角的女孩，是獨角獸的化身。突然出現在建福宮花園裏。獨角獸來自印度，在西方是純潔、高貴的神獸。人類認為獨角獸的角有奇異的魔力，把它磨成粉末吃下可以起死回生。

天狗

自稱貓貓神，是李小雨收到的十二歲生日禮物。他全身雪白，身上有黑色的斑點。雖然看起來像小狗，但鼻子很短，耳朵像貓耳朵。

角色檔案

獙獙

旱獸中的一種。他善於取水，出現在哪裡，哪裡就會乾旱。長着狐狸頭，老虎身體和尾巴，背後有一對蝙蝠翼狀的翅膀。他與水獸長右上千年來都是死敵。

長右

水獸，出現在哪裏，哪裏就會發洪水。長得像獼猴，但是頭上有四隻耳朵，聲音十分像人類的聲音。他與旱獸上千年來都是死敵。

角色檔案

厭火獸

來自厭火國。長得像猴子，但渾身漆黑，嘴和鼻孔裏時不時會躥出火苗。雖然他不斷噴火，但是內心卻十分討厭火。

山膏

長得像豬，身上覆蓋着紅色的皮毛，是非常喜歡罵人的怪獸。遠古時期，帝嚳出遊，曾經被山膏罵急了，派出他的狗盤瓠咬死了他。

角色檔案

乾隆花園的老鼠家族

住在乾隆花園裏的老鼠家族，在狐仙集市上賣永遠不會凋謝的臘梅花。但是，這些神奇的臘梅花背後卻藏着驚人的祕密。

蛤包

癩蛤蟆樣式的荷包，來自宋朝的《大儺圖》。它能變成巨型癩蛤蟆，而它的肚子裏還藏着一個神祕的癩蛤蟆小世界。

目　錄

1
獨角女孩

放學後我回到故宮時，天已經快黑了。我穿過建福宮花園，四周一片靜謐，只聽到風吹得樹葉沙沙作響。

我繞過延春閣，打算從旁側的小門抄近路回西三所。就在這時，積翠亭旁邊閃出一個人來。我被嚇了一跳，瞪大眼睛看去，原來是一個小女孩。

女孩頭戴一頂白色禮帽，禮帽下面露出一條長長的辮子，一直垂到腰際。她穿着長到腳面的白色百褶裙，手拿小袋子，慢悠悠地走在建福宮花園裏。這是誰家的孩子啊？我很好奇。故宮員工們的孩子，尤其是女孩子，我差不多都認識。可是眼前這個孩子的背影卻讓我覺得很陌生。

在這種天氣還穿着裙子，她難道不冷嗎？一陣冰冷的風吹過，吹起了女孩的裙角。我忍不住打了個寒戰。

她頭上的帽子也太奇怪了，就像魔術師頭上戴的那種白禮帽。除非要表演，否則誰會戴這種可笑的帽子出門呢？

女孩距離我不遠，但她似乎沒發現我在她後面，高高興興地走着，不久，就走出了建福宮花園。我趕緊加快腳步跟了上去。女孩的腳步也忽然快了起來。

看來，她已經發現我跟在後面了，她不會把我當做壞人了吧？

我決定打個招呼：「喂！請等等！」

不知道是不是被我的聲音嚇到了，女孩身上居然「咔嚓、咔嚓」地迸出了火花，然後「撲哧」一聲，她在空氣中消失了！

我吃驚極了，趕緊跑了幾步跟上去，可是周圍連女孩的影子都沒有。不知道甚麼時候，我已經跟着女孩跑進了長春宮的院子。陰暗的宮院裏安靜極了，除了我，再沒有別人。突然，我的耳邊響起了一個聲音：「你為甚麼跟着我？」

我被嚇了一跳，扭頭朝聲音傳來的方向看去。只見剛才那個女孩躲在大銅缸後面，只露出了一個腦袋，眼睛直直地盯着我看。她的皮膚很白，黑眼珠大得驚人。

「我、我……只是好奇你是誰。」我結結巴巴地回答。

「是這樣嗎？」女孩上下打量着我，「那你是誰？」

「我叫李小雨，你呢？」

女孩從銅缸後面走出來，慢慢靠近我：「我叫獨角。」

「獨角？」我忍不住笑了，「你的名字真特別。」

「我的確與眾不同。」女孩走到我面前問，「你幾歲？」

「我快要十二歲了，你幾歲了？」

「祕密。」她開玩笑似的說。

我有點不高興，早知道我也不告訴她年齡了。

「你是最後的人類嗎？」她突然問。

「啊？」我覺得有些莫名其妙，「我當然不是最後的人類，人類到處都是。你不也是人類嗎？為甚麼會這麼問？」

「看來是我弄錯了。這裏有這麼多好看的房子，卻連個人影都沒有。我以為人類已經滅絕了。」女孩眨着眼睛說。

「自從最後一位皇帝離開，故宮裏已經上百年沒住人了。現在這裏是博物館，你要是白天來看看參觀的人，就知道人類離滅絕還遠着呢。」

「離滅絕還遠？你太自信了。」她笑着說，「人類種族已經開始衰退了，用不了多久，我期待的時刻就會到來。」

我皺起眉頭，問：「你在說甚麼？我聽不明白。」

「你用不着明白。」她說，「你只要知道，總有一天，人類會被別的種族取代，就像當初你們取代恐龍一樣。而且，我覺得那天不會太遠了。」

「你說話真嚇人！」我說，「不過，我才不信呢！」

女孩點點頭：「我知道你不信，誰會相信自己會滅絕呢？渡渡鳥和史德拉海牛，牠們肯定也想不到自己會那麼快滅絕。」

「你到底是誰？」我瞇起眼睛看着女孩。

「我告訴過你了，我叫獨角。」她回答，「現在我是女孩的樣子，所以你可以叫我獨角女孩。」

「好吧，獨角女孩。請誠實地回答我，你是神靈嗎？」

「不是。但我的確有預測未來的能力。」她摘下頭上的白禮帽，露出腦門上一根又尖又長的獨角，「你沒聽說過嗎？凡是長着獨角的生物，都有一定的預測能力。」

我後退幾步，一隻手捂住胸口。一個嬌小的女孩，腦門上卻長着一根直直的尖角，怎麼看，怎麼覺得詭異。

「害怕了？你第一次見長獨角的生物嗎？」獨角女孩問。

「不是第一次，但長着獨角的人卻是第一次看見。」我半天才擠出一句話。

「這不是我本來的模樣。」獨角女孩承認，「只是變成女孩在人類世界會更方便一些。」

「那你原來長甚麼樣？」

「你想看嗎？也可以，不過你要答應我一件事。」她把帽子重新戴到頭上。

「甚麼事？」

「陪我玩。」

獨角女孩的要求讓我有點意外：「你喜歡玩甚麼呢？」

「我也不知道。你們現在都喜歡玩甚麼？」她問。

我想了想，說：「電腦遊戲。」

獨角女孩一下子興奮起來：「電腦遊戲？我從來沒聽說過這種東西。太好了，如果你能教我玩，我就讓你看我的本來面貌。」

「好吧。那你跟我來。」

我帶着獨角女孩回到我媽媽的辦公室。辦公室裏的燈亮着，但沒有人。這個時間媽媽應該去加班了。獨角女孩四下望了望：「這地方還不錯，就是有點亂。」

我聳了聳肩：「我媽媽總是沒時間收拾。」

我坐到辦公桌前，打開電腦。媽媽平時不讓我玩遊戲，不過我還是偷偷下載了幾個，把它們藏在不容易被發現的文件夾裏。

我先打開了「超級瑪利歐」，在獨角女孩面前玩起來。但還沒等到「瑪利歐」進入「下水道」，獨角女孩就沒耐心了。

「這有甚麼意思？」她問，「你們喜歡玩的就是看小矮人頂蘑菇嗎？」

「當然不是。但對於你這樣的初學者來說，這個遊戲比較簡單。」

「給我看點更有趣的吧。」

於是，我只好打開了近來比較火爆的射擊類遊戲。獨角女孩瞇着眼睛看着遊戲中的「我」降落在「海島」上，手忙腳亂地尋找「武器裝備」。直到看到「我」開「槍」打傷了第一個「敵人」時，她才表現出了興趣。

「人類戰爭？這個好玩！」

「你知道戰爭？」我好奇地看着她。

「當然，人類最喜歡的遊戲不就是戰爭嗎？你手裏拿的那些長桿子是甚麼？」

「是槍。可以遠程射擊和瞄準……」

「喂，我想有人瞄準你了。」她緊盯着電腦屏幕。

「我」趕緊躲到安全的地方，找機會換了把「槍」，接着說道：「我不同意你的說法。戰爭不是遊戲，它對於人類來說是很殘忍的事情。大量無辜的人會在戰爭中死去。」

「既然殘忍，為甚麼人類還是總喜歡互相打來打去？」

「那些是大人的事情，我也不太清楚。但我相信沒人喜歡戰爭。」

她笑了：「你就喜歡，你現在玩的不正是戰爭嗎？」

「這是假的！」我大聲說，「你看到的人都是電腦程序，是假的。」

「我知道這些是幻象。但它一定讓你覺得有趣，你才會喜歡玩這種遊戲。」獨角女孩說，「你到底還玩不玩？如果不玩，我想試試。」

「我不太想玩了，你來吧。」我讓出自己的位置。不知道為甚麼，獨角女孩的話讓我的心情有點沉重。

「你不用不高興，人類和大多數動物一樣，天生就有競爭和掠奪的本能。其中就包括掠奪生命，無論是其他生物的生命，還是同類的生命。這是天性，也是你們的弱點。」

獨角女孩坐到電腦前，接着玩我沒玩完的遊戲。顯然，她在射擊遊戲方面比我有天賦，很快她就幹掉了大多數「敵人」，帶領自己的「團隊」取得了勝利。

「呼！真挺好玩的。我能再來一局嗎？」

「應該可以，我媽媽還要過會兒才回來。」我說，「不過，你剛才說人類會滅亡，我們是怎麼滅亡的？和戰爭有關嗎？會發生世界大戰嗎？」

「你能不能安靜點？」她不客氣地說，「至少等我玩完這局遊戲，我才能回答你的問題。」

獨角女孩已經開始了新一局的遊戲，這次一切都是她自己選擇和操作的。

她玩得真棒，「降落傘」一落地，就拿到了最好的「裝備」，並且殺掉了一個「敵人」。她就像一個經驗十足的戰士，知道怎麼隱藏自己，也知道怎麼最快發現「敵人」。很快，一局遊戲就結束了。而結局可想而知，她的「團隊」又取得了勝利。電腦屏幕上，幾乎所有的玩家都爭先恐後地想和她成為好友。但是，她全都拒絕了。

我問她為甚麼，她解釋說：「我可不想和人類成為朋友。」

「你為甚麼這麼討厭人類？」我把手盤在胸前，看着她。

獨角女孩苦笑了一下：「和你們掠奪的本性有關，我的種族是人類格外喜歡掠奪的對象。我們本來是一個善良、祥和的種族，可是人類卻把我們描述成殘忍的野獸，只是為了更合理地殺死我們。」

「人類為甚麼要殺死你們呢？難道⋯⋯你們的肉很好吃？」我只能想到這個可能的原因了。

「不，我們的肉不能吃。你們想殺死我們，只是因為我們頭上的獨角。人類認為我們的角有奇異的魔力，把它磨成粉末喝下後可以解毒，甚至起死回生。很久很久以前，我們的數量還很多的時候，人類中的貴族都夢想擁有用我們的角做成的酒杯。每個獵人都幻想有一天，我們能落入他們的陷阱。」獨角女孩深吸了一口氣，接着說，「為了讓我們上當，有的獵人會僱用少女來當作誘餌，因為我們喜歡靠在少女的裙擺上入睡。我眼看着自己的同類一隻隻地死去。如果是你，你還會喜歡人類嗎？」

「當然不會。」我感覺到臉上發燒，「你究竟是誰？現在能讓我看看你的真面目了嗎？」

「你遵守了你的諾言，我也會遵守我的諾言。」

獨角女孩站起來，推開門走到院子裏。黑暗中，她的身上「刺啦、刺啦」地亮起一連串火星。她周圍的空氣開始閃耀，一團濃濃的煙霧冒出，她的樣子漸漸變得模糊。接着，煙霧中一隻馬蹄伸了出來。一道刺眼的亮光閃過，煙霧漸漸散開，一隻淡黃色的獨角獸出現在我面前。她黑色的眼睛緊緊盯着我，長長的鬃毛從脖子上垂下來。

我倒吸了一口冷氣：「你是西方傳說裏的獨角獸？」

「我不知道你指的西方在哪兒，我出生在印度。」獨角獸大聲說，「你可以仔細看看我，畢竟在中國，我應該是獨一無二的。」

「我以為獨角獸都是白色的。」動畫片裏就是那樣，而我眼前的獨角獸卻是淡黃色的。

「人類認為白色是最純潔的顏色，而我們的顏色的確接近白色，所以人們就按自己的理解去塑造我們。」獨角獸歎了口氣說，「其實，我們大多數是淡黃色的，也有少量黑色的獨角獸。但是，白色的獨角獸很少見。」

「世界上還有很多獨角獸嗎？」

獨角獸搖搖頭，角在空中畫出一道弧線，然後她說道：「不算多，很少。不過還沒有滅絕，大多數獨角獸都藏在印度茂密的原始森林裏，等待着時機。」

「等待甚麼時機？」

「等待人類滅亡，我們重獲自由。」

我嚇得起了一身雞皮疙瘩：「如果人類不滅亡，你們就

不能獲得自由嗎？」

「恐怕不能，我們的數量還沒有人類動物園的數量多。」

我不知道該說些甚麼了，獨角獸說的是事實。如果人類發現了真正的獨角獸，一定會把他們關進動物園去展覽。

「你們有魔法，不是嗎？可以變成女孩，這樣應該不用擔心被人類發現了。」

「雖然獨角獸大多數都擁有魔法，但是法力強大到能變成人類的並不多。」獨角獸說，「而且，被困在一具不屬於自己的身體裏，算不上是自由。」

獨角獸轉過身，在石磚地上跺了跺馬蹄。

「我要走了，我預感到你媽媽就要回來了。」

「等等！你還沒告訴我人類是怎麼滅亡的！」

「下次吧！」獨角獸淡黃色的皮毛漸漸被光照亮，「明天這個時間，我還來找你玩電腦遊戲，怎麼樣？」

「明天嗎？」我想了想，「好吧，不過別太晚了。」

獨角獸點點頭。忽然，一堆火星在她身上閃過，像無聲的煙火一樣四散開，只剩下一片黑暗。幾秒鐘以後，我媽媽推開門走進院子。

第二天，獨角獸很準時。她又變成了獨角女孩的模樣，她說因為電腦的鼠標和鍵盤並不適合獨角獸的蹄子。

獨角女孩根本沒給我坐到電腦前的機會。她用我的帳號連玩了三局射擊遊戲，連贏了三次。我眼看着自己在遊戲中的級別「噌噌」地往上漲。

「真痛快！」打完第三局，她往後一靠說，「我雖然痛恨人類，卻並不殺生。這個遊戲的幻象讓我能夠享受報仇的快感，又不傷害任何人。」

「如果這能減少你對人類的仇恨，我願意請你每天都來玩。」我真心實意地說。

「今天是最後一次了。」獨角女孩歎了口氣說，「既然人類沒有滅亡，我也要回到原來的地方繼續等待了。」

「人類到底是怎麼滅亡的？」

「我只能告訴你，人類的弱點會導致人類的滅亡。」

我搖搖頭：「完全沒聽懂，這個答案相當於沒回答。」

「不用擔心，你應該看不到那一天。」

我有些不甘心：「你到底是從哪裏來的？」

「你聽說過一本叫《獸譜》的書嗎？」

「天啊！」我臉色慘白，「難道你也是從《獸譜》裏出來的？」

「是的。」獨角女孩笑了，「一看到你，我就知道是誰把《獸譜》封印解開了。」

「是我闖的禍。」我低下頭承認。

「封印馬上就會被修好。」獨角女孩說，「所以我才着急回去，否則，我連藏身的地方都沒有了。」

「真的？」我的眼睛亮了一下。

「我的預測一向很準。」

獨角女孩走出房門，在院子裏恢復了獨角獸的模樣。壓力消失，我終於可以平靜地欣賞眼前的怪獸，我第一次注意到，獨角獸確實非常美麗。

‖故宮小百科‖

獨角獸：在東西方的神話傳說中，都有「獨角獸」這種奇幻的生物存在。在中國傳說中，不少神獸的頭上都長着一隻角，例如獬豸、角端等。而西方神話中獨角獸的形象通常被形容為頭上長着一螺旋角的白馬，代表高貴和純潔。一位古希臘的歷史學家曾把聽來的奇聞軼事整理成書，當中提到獨角獸生活在印度，身形和馬差不多，甚至更大，身體雪白，眼睛呈深藍色，有獨角從額上長出來。也有人認為獨角獸的原型是來自印度犀牛。

2
梨花的驚奇發現

喵——大家好，我是野貓梨花，故宮裏最著名的記者，《故宮怪獸談》的主編。歡迎大家訂購《故宮怪獸談》，它是世界上最有趣的報紙。訂購一整年《故宮怪獸談》，送我的貓爪印明信片哦！快來搶購吧！

好了，廣告做完了，下面我們來說正事。

你們可能會奇怪，我怎麼會突然冒出來和你們說話？這主要是因為我最近發現了一個大祕密——關於人類世界的祕密，而我又不知道該把這個祕密告訴誰。

雖然故宮裏有不少野貓，但他們多數沒甚麼責任心，能把自己的日子過好，每天吃飽、喝足、曬太陽就會很滿足，根本不會關心其他的事情。我倒是有個人類朋友——李小雨，不過她膽子實在太小，估計承受不了這樣的祕密。

我把這個祕密憋在心裏，只不過幾天的時間我就受不了了。沒辦法，我天生是一隻心裏藏不住事情的貓，所以我決定把祕密告訴你們。雖然我並不認識你們，但是我相信，你們當中總會有非常勇敢的人，能和我一起承擔這個重大祕密。

一次偶然的機會，我發現有一種妖怪正假扮成人類在人類世界生活！我想這麼大的事情，應該不會被我一隻野貓最先發現，人類應該早就發現了他們的存在。但是，讓我不明白的是，為甚麼所有人對這件事都無動於衷呢？

那是上星期的一個早晨，天下起了小雨。我溜進鐘錶館新開的書店躲雨，無聊地翻看一本被扔在櫃台上的書。

我一直對人類的書很感興趣，李小雨書包裏的書我都翻了個遍。離東華門不遠的書報亭也是我經常去的地方，那裏經常有人類明星的八卦雜誌。如果我睡不着覺，就會去故宮院長辦公室的書架上看看。那裏的書有非常奇特的功能，它們對我來說並不是用來讀的，而是用來催眠的。隨便翻開一本，我都能在幾分鐘內睡着。我猜故宮院長一定是經常失眠的人，否則為甚麼擺了滿滿一書架這樣有催眠功能的書呢？它們簡直就是印刷出來的安眠藥。

好吧，讓我們回到我在鐘錶館裏發現的那本書。一開始我只是把它當作普通的愛情小說來讀。你問我甚麼是愛情？我也沒完全搞明白。好像就是人類為了消磨時間來做的事，一個男人和一個女人在一起，笑那些並不可笑的事情，做那些沒甚麼用的事，還經常尋死覓活的。在我們貓類看來，這簡直不可理喻。不過，人類卻覺得那很重要，還寫了好多書來讚揚愛情。就像我奶奶說的，只要活得足夠久，甚麼無聊的事情都做得出來。如果我們貓也有人類那麼長的壽命，說不定也會做出甚麼無聊的事情來。我不喜歡無聊的事，所以我從來不讀愛情小說。但是，那天我實在太無聊了，所以就翻開那本書讀了讀。讀着讀着，我漸漸發現那本書有點奇怪，但說不上原因。等我突然醒悟後，我才明白我發現了多麼可怕的事情。

那本看似普通的小說裏面隱藏着可怕的真相。這些真相告訴我，在人類的世界裏，生活着一些妖怪一樣的生物。他們平時都假扮成人類的樣子，但是時不時就會做出一些出格的事情，暴露自己的身份。這些暴露身份的事情，在那本書裏都有記錄。那本書的作者，一定也是個妖怪，因為他記錄這些事情就像記錄吃飯、睡覺一樣隨意。

比如在書的第六頁上就出現了讓我吃驚的情景：「小漁被他罵得一頭霧水。」

看到這裏，我渾身的毛都要炸起來了。我真想不到，他居然會噴霧！他在罵人的時候，會同時把霧水噴到那個叫作「小漁」的人頭上，這絕對是怪獸或者妖怪才能做得出來的事情。他——書中的男主角絕對不是一個人類。雖然書裏寫他長着人類的模樣，而且還很帥氣。但是，僅僅從這一句話，我就能確定，他是妖怪！據我所知，除了怪獸斗牛，和一些不知名的妖怪，地球上沒有任何的其他生物可以噴霧。

而在第十八頁上的內容就更奇怪了：「面對她的提問，他突然變成了啞巴……」

我吃了一驚，我一直以為只有男主角是妖怪，沒想到女主角也是。她具有強大的法術，可以讓人迅速變成啞巴。我開始懷疑自己是不是弄錯了，這本書也許不是甚麼愛情小說，而是鬼怪故事集。

於是，我重新翻回第一頁，把上面的介紹仔細讀了一遍。這一讀不要緊，我被嚇得直喘粗氣。介紹裏不但說明這是一本人類愛情小說，而且還認真地註明小說裏的故事是根據人類真實事件改編的。所以，這些故事並不是作者編出來的，而是真的在人類世界發生過！

喵——人類的眼神這麼不好嗎？這麼明顯的靈異事件都看不出來？

我懷着巨大的好奇心繼續讀了下去。書裏奇怪的情節出現得越來越多了，第二十四頁居然出現了：「他們去了兩三個公園，坐在哪裏都躲不開人們的眼睛。」

讀到這裏，我有點想吐。我無法想像一個椅子上到處都是人類眼球的公園。但是小說裏的男、女主角卻對這件事毫不吃驚。他們煩惱的只是，怎麼在這些眼球裏擠出一個能坐的地方。但是，椅子上眼球實在太多了，他們找不到空間坐，最後只能不高興地回家了。

要是我遇到堆滿眼球的椅子，我一定會嚇得瘋掉。人類世界有那麼恐怖的公園嗎？我似乎聽李小雨提過，大型遊樂場裏有叫作「鬼屋」的地方，所有人進去都會嚇得尖叫。難道，他們去的就是「鬼屋」？

看到這裏，我深吸了幾口氣。說實話，看這麼可怕的書真的需要很大的勇氣。但是我決定繼續看下去。我很好奇結尾的地方，書裏面的普通人類能不能發現這兩個妖怪的存在。如果他們能發現，我今天晚上可能就不會做噩夢。

後面的情節還有很多奇奇怪怪的地方，比如在第三十九頁：「世界為甚麼這麼不公平？怒火在他心中燃燒。」

我真想像不出心臟着火是甚麼樣子。我曾經撿到一個打火機，裏面的火苗燎到了我的耳朵，那簡直比針扎還疼。男主角難道不疼嗎？這個妖怪要是連痛覺都沒有，那

可太可怕了！而且我也很好奇，為甚麼他的心臟被火燒得那麼厲害，卻沒有影響腎臟、肝臟這些地方？就在這時，我突然想到了紅燒雞肝，那可真好吃……哦，我的肚子有點餓了。

當故事進展到第六十六頁時，作者終於承認女主角是妖怪：「這時候珍妮身上出現一種光和熱，那是天性中的正義感。」

看！女主角發光了！她還能發出熱氣，就像個大火爐一樣。我猜想她一定是個火妖，就像傳說中的游光。但聽說游光只有腦袋上會出現小火苗，她全身都能發光、發熱，所以還是書裏的妖怪本領大。作者認為她是個有正義感的妖怪，不過，誰知道呢？妖怪最擅長偽裝自己了。

整本書已經被我讀了大半，男主角和女主角終於擁有了愛情那種東西，要在一起生活了。

在書的第八十九頁上，「珍妮用那雙會放電的眼睛看着他，他的心怦怦直跳。」

我相信無論誰看到這裏，都應該明白女主角是個妖怪了。人類的眼睛怎麼可能發出電波呢？而且，再看看男主角，他已經被電得心跳加速，快要沒命了，卻還是一副很高興的樣子。我是一隻見多識廣的貓，對人類、怪獸、神仙們的生活都有些研究，但是我從來沒有研究過妖怪們是如何談戀愛的。這本書大大增加了我在這方面的知識。

但接着，更可怕的事情發生了，就在第九十頁上，「他們像連體嬰兒般黏在一起，吃飯、散步、睡覺……一刻也不分開。」

男主角和女主角居然合體了！我從來沒聽說過哪個怪獸或者妖怪可以合為一體。我只在楊永樂喜歡看的一部動畫片裏見過「合體」這種事情，要是我沒記錯，那部動畫片好像叫《變形金剛》，講的是一羣會變成汽車、飛機的機器人為爭奪地球互相打架的故事。那些機器人最厲害的技能就是「合體」，他們會像磁鐵一樣吸在一起，組成一個超級大個的機器人。

這種事情就算告訴了龍大人，他也不會相信吧？他雖然活得時間久，但從來不關心妖怪的事情。就算把這本書拿給他看，估計他也只會嘲笑我相信人類瞎編的故事。

鐘錶館書店外，仍然是烏雲漫天，雷聲大作。我猶豫了幾秒鐘，翻開書頁，繼續閱讀。然後，我看到了更可怕的地方：「他告訴她，玫瑰園裏的鮮花，她會是中間最美麗的一朵，總有一個懂得美的人來為她停留。」

女主角被變成玫瑰花了！我真替她傷心。她到底做了甚麼，居然會被施加這麼可怕的魔法？美麗有甚麼用？玫瑰花只開幾天就會凋謝，除非有神仙能來救她，否則沒等有人為她停留，她就死了。

我對妖怪的法力感到恐懼。他們簡直比神仙還厲害，會噴霧、發光和發電，能隨意拆卸自己的身體，還能把一個大活人變成花……我狠狠地把書合上，跳了起來。我很生作者的氣，他寫了這麼厚厚的一本書，卻一個字也沒提如何分辨這些妖怪。看他形容他們外貌的那些句子：「濃密的眉毛稍稍向上揚起，長而微捲的睫毛下是一雙清澈的眼睛，高挺的鼻樑，櫻花般的嘴唇……她穿着淡綠色的裙子，彎彎的眉毛，長長的睫毛微微地顫動着，白皙無瑕的皮膚透出淡淡紅粉色……」這哪是在寫妖怪？這樣的描述和童話裏的人類王子和公主毫無區別。

屋外的雨恰好在這時候停了，陽光透過雲縫灑下來。我快步跑出鐘錶館書店，來到溫暖的陽光中，伸了一個大大的懶腰，想把那本書裏所有令人害怕的情節全部忘掉。

我跑回珍寶館，正好趕上吃早餐的時間。所有的貓都圍在食盆周圍，我擠出一個位置，大口大口地吃起來。其實我的胃口不太好，剛才看到的東西仍然讓我的胃有些難受。但是如果想忘掉甚麼不好的事情，吃東西對我來說總是最管用的。

我想，我這輩子都不會再看愛情小說了。妖怪會假扮成人類，這和我們貓族有甚麼關係？反正我平時接觸的人就那麼幾個：李小雨、楊永樂、珍寶館的管理員們……讓我安心的是，他們一看就是普通人類。我從來沒看到過他們噴霧、發光、發電、眼球飛來飛去。現在，我把這個祕密告訴了你們——這個故事的讀者們。對於人類，我只能幫到這裏了。剩下的事情，要你們自己去解決。喵——不要來打擾我，讓我美美地睡上一覺，忘掉那本書吧。

故宮小百科

鐘錶館：清代以前，人們一直以日晷、漏壺等計時。明末清初，歐洲的機械鐘錶開始傳入中國，得到宮廷貴族的喜愛。鐘錶館就是展出清宮留存下來的鐘錶，當中有在宮內、廣州、蘇州等地的造鐘處製造的，也有英、法、瑞士等國出產的。這些鐘錶除了基本計時的功能外，還會利用機械原理，使上面裝飾的鳥獸、人物做出各種不同的動作，可見當時高超的鐘錶製造技術。

3
天狗的小名

「告訴我吧，我實在太好奇了！」我像蜜蜂一樣地圍着媽媽轉。

「好奇甚麼？」媽媽回頭問。

「你送我甚麼禮物？今天是我生日！」我激動地大叫，「我知道你準備了生日禮物，快給我看看！」

「好吧，就在辦公桌的抽屜裏，你自己去拿吧。」

我飛快地打開抽屜，裏面裝着一個繫着綢帶的紅盒子。

「好漂亮的盒子！是項鏈嗎？不對，好像比項鏈重。難道是髮卡？」我飛快地解開上面的綢帶。

媽媽擔心地搖搖頭：「可能不是女孩子喜歡的東西，但是還蠻特別的。我覺得你可能會喜歡。」

「我就喜歡奇特的東西！」

盒子很快就被我打開了，看到裏面的東西後，我張大了嘴巴：「哇！這是甚麼？」

「不喜歡嗎？」媽媽走到我身邊，「對不起。你也知道，我最近一直在加班，實在沒時間去買禮物。這個小東西是我在李禮叔叔的辦公桌上發現的。他說有一天早晨，這個盒子突然出現在他的辦公室門口，連個紙條都沒有，可能是他的崇拜者偷偷送給他的。我看着挺有意思，就要了過來。如果你不喜歡，我可以再準備別的禮物……」

「不、不，我喜歡！它看起來非常特別。」我小心翼翼地把盒子裏的東西拿出來。這是一個小狗的雕像，小狗像人一樣盤腿坐着，看起來非常古老。他大約有一把豎起來的直尺那麼高，毛色雪白，身上有黑色斑點。雖然看起來像小狗，但他的鼻子很短，圓圓的耳朵更像貓耳朵。

盒子裏沒有說明書，只在盒子底部寫着「貓貓」二字。

「貓？這明擺着是狗啊？」我有點納悶。

「可能這個小狗雕像的名字叫『貓貓』。」媽媽說。

我笑了：「真是奇怪的名字，和這個雕像一樣奇怪。」

「如果你喜歡他，那就太好了。」媽媽鬆了口氣，「明年我一定好好幫你準備生日禮物，我保證。」

「我能把他帶給我的朋友們看嗎？」

「他是你的了，你想怎麼樣就怎麼樣。」

我把盒子裝進書包後，走出媽媽的辦公室。

此時是十一月末的寒冷黃昏。天已經黑了，高大的宮殿那邊，只剩下幾絲夕陽的餘暉。我背着書包，跑到失物招領處。門緊緊地關着，不知道楊永樂是不是跑出去玩了。

「啪啪」，我使勁拍着大門叫道：「楊永樂！」

門「吱」的一聲打開了，楊永樂做賊似的看着我：「叫那麼大聲幹嗎？快進來。」

我從門縫擠進屋裏，他迅速關上了門。

「你在幹甚麼壞事呢？」

「壞事？我這麼好的人怎麼會幹壞事？」他壓低聲音說，「如果你不想把全故宮的野貓都招來，最好小聲點。」

我猛地吸了吸鼻子：「喂，這屋子裏有甚麼？這麼香！」

楊永樂側了側身，他身後的桌子上放着一大桶炸雞，還冒着熱氣。

「原來你在偷吃好吃的！」我搓搓手，立刻捏起一塊炸雞放進嘴裏，雞皮酥脆，雞肉鮮嫩，「真好吃！」

楊永樂笑了：「你知道我為了把這桶炸雞帶進來，又不被野貓和黃鼠狼們發現，費了多大的力氣嗎？」

「你真厲害！竟然能躲過那麼多靈敏的鼻子。」我伸出大拇指。

我倆高興地吃着炸雞。忽然，我的書包不知道怎麼回事，「啪」地滾到了地上。

「哎喲！」我想起小狗雕像，可別摔壞了！我從書包裏拿出盒子，打開一看，小狗雕像還好好地待在裏面。

「挺結實的嘛。」我拿出雕像給楊永樂看，「這是我媽媽今天送我的生日禮物，怎麼樣？不錯吧！」

楊永樂擦了擦手上的油，接過雕像：「看起來像是古董！不過，這隻狗長得可真奇怪，姿勢也奇怪。」

「他叫貓貓。」我說，「盒子底部有他的名字。」

「名字也奇怪。」他很感興趣地看着雕像，「看他的姿勢，這說不定是尊神像。」

「中國有長得像狗的神仙嗎？」

「有不少呢。道家的雷神中就有長着狗頭的，冥神中也有。滿族人一直把狗當作神靈，因為狗曾經救過滿族人祖先的命。」楊永樂說。

「真有意思。」

我開始重新審視眼前的雕像，他臉上的表情的確跟普通的狗不同。

「來，我們一起拜拜他。萬一是神仙，不拜他的話，他會覺得我們不尊敬他，會帶來厄運。」

拜一隻狗？楊永樂的腦袋裏總是有稀奇古怪的想法，薩滿巫師都是這樣的嗎？

「好吧，你拜吧。」我準備看場好戲。

楊永樂把雕像放到一個高高的架子上，還特意拿了塊炸雞擺在雕像前面當供品。然後，他恭恭敬敬地拜了三拜。忽然，雕像微微顫動，緊跟着，小狗的眼珠轉了轉。

「媽啊……他是活了嗎？」我驚呆了。

小狗的小眼睛看向我們，一眨不眨。

「你們好。」他說，「我是貓貓神。」

「他會說話！」我驚慌地尖叫道。

「我是神靈，會說話很正常。」貓貓神平靜地說。

楊永樂皺起眉頭：「我從沒聽說過有神仙叫貓貓神。」

「你既然是薩滿巫師，該知道萬物皆神靈。」貓貓神說，「世界上有很多你還不知道的神靈。」

「你怎麼知道我是薩滿巫師？」楊永樂吃了一驚。

「因為我是神靈。」貓貓神說，「我很喜歡你們獻給我的供品，它聞起來味道很不錯。」說完，貓貓神不客氣地抓起炸雞，大口大口地吃起來，連骨頭都被嚼碎嚥進了肚子裏。

「還有嗎？」貓貓神說，「我很久沒有被喚醒了，這雞塊味道真好。」

楊永樂滿臉懷疑，但還是拿了兩塊炸雞給他：「我以為神靈不用吃飯。」

「我們的確不需要食物來維持生命，但我們很享受吃食物的過程。」貓貓神飛快地把炸雞都吃光了。說實話，他吃炸雞的樣子和普通的狗沒甚麼兩樣。

「你既然是神靈，肯定有魔法。能不能給我們展示一下？」楊永樂似乎想考驗他。

「魔法？我以為你們通常稱它為神跡。」貓貓神瞇着眼睛說，「這對我來說非常簡單。不過，我可不是你們僱來的小丑，你們想看我就要表演。」

「那你的責任呢？你是負責甚麼的神靈？」楊永樂不甘心地問。

「我是袪除災禍的神靈。」貓貓神回答，「只要你們每天為我獻上好吃的供品，我就可以保佑你們沒有災禍。」

「你真的擁有這種力量？」我瞪大了眼睛。

「當然。今天我吃了你們的供品，明天你們誰也不會遭遇災禍。不過，我要提醒你們，我不喜歡陽光。白天的時候，你們最好把我放回盒子裏，晚上再把我請出來獻上供品。」貓貓神聲音減弱，閉上了眼睛，「現在我要睡覺了，我還要冥想一些問題。你們要是願意，可以隨時把我喚醒，當然，最好是天黑以後。」說完，他就變回了雕像的樣子。

「他現在還能聽到我們說話嗎？」我小聲問楊永樂。

楊永樂把手在雕像眼前晃了晃，雕像毫無反應。

「應該聽不到了。」

「你相信他嗎？」我問。

「我相信神靈的存在，可我不確定他是不是神靈。」楊永樂托着下巴說，「貓貓神？如果世界上真有這麼一位神仙，也一定是不入流的小神。凡是有一點名氣的神仙，我們應該都聽說過他們的名字。」

「不過看起來，他應該挺善良的。」我說，「我們可以試一試，看明天是不是甚麼壞事都不會發生。」

「沒有壞事的一天？對我來說是不可能的。」楊永樂冷笑了幾聲，「我長這麼大還從來沒有遇到過。」

「就因為這樣才可以驗證啊！」

「好吧，我們走着瞧吧。」

我把貓貓神留在了失物招領處。主要是因為，媽媽的辦公室裏實在沒有甚麼適合供奉他的地方。而且，他開口說話後，我就有點怕他了。

說實話，第二天一早，我就把貓貓神的事情拋到了腦後。我照常坐公共汽車上學，照常坐在被冬日暖陽照耀着的教室裏上課。直到一件事情發生，我才突然想起了貓貓神的話。

事情是這樣的：上體育課的時候，幾個淘氣的男孩在學校的攀爬架上打鬧。其中最壯實的一個男孩爬到頂端後，不停地搖晃攀爬架，很快，架子就發出了「咔啦、咔啦」的響聲。男孩子們感覺到不妙，趕緊跑開了。但巧合的是，我和兩個同學去體育室取籃球的時候，正好路過那裏，而攀爬架偏偏在那時候「嘩啦」一下倒了下來。兩個同學都被砸傷了腿，只有我奇跡般地鑽到了空當裏，連根頭髮絲都沒有傷到。所有的老師都覺得我實在太幸運了。

「看來貓貓神真的在保佑我呢。」我心裏這麼想。

放學的時候，我在公共汽車站與楊永樂碰面。我把今天的經歷告訴了他。

「這不算甚麼，我今天的經歷才叫神奇。」他有點激動地說，「首先，今天早晨我遲到了，可是班主任居然因為堵車，比我到校還晚。接着，我因為忘記複習英語準備考試，所有的選擇題都是靠扔橡皮擦決定的。沒想到居然矇對了大部分，比我平時的成績還高。還有，放學前我和同學打籃球時，不小心砸碎了一個過路人的眼鏡。我想那個人肯定會教訓我一頓，並讓我賠眼鏡，結果你猜怎樣？」

「還能怎樣？賠眼鏡吧。」

「不用賠！因為我砸的那個人居然是溜進學校的小偷！」楊永樂得意地哈哈大笑，「我人生中第一次被教導主任表揚了！」

「看來那個貓貓神還真靈啊！」

由不得我不信。「受表揚」這種事被楊永樂遇上，實在太稀奇了。而楊永樂已經開始琢磨給貓貓神的供品了。

「今天晚上我們給他獻甚麼供品好呢？我看他挺愛吃肉，牛肉乾怎麼樣？」

於是，當天晚上，楊永樂拿了一整袋牛肉乾，一股腦地倒在貓貓神面前。「謝謝你保佑啊！」他虔誠地說，「希望以後我每天都能像今天這樣幸運。」片刻之後，貓貓神睜開眼睛，眨巴了幾下，目光清澈地看着我們。

「睡得好嗎？」我問。

「神靈用不着睡覺，我是在冥想。」貓貓神回答，「看來你們今天過得不錯。」

「是的，非常棒！」楊永樂笑呵呵地說，「我希望以後每天都這樣。」

「這不難，只要你們足夠虔誠地供奉我。」貓貓神看了看眼前的牛肉乾，露出滿意的表情，「我喜歡牛肉。」

他剛叼起第一塊牛肉乾，失物招領處的門就被撞開了，野貓梨花大搖大擺地走了進來。

「我想我來得正是時候。喵——」她猛地吸了吸鼻子，「牛肉乾，五香味的，我喜歡。」

「那些牛肉乾不是給你準備的。」楊永樂不客氣地說。

「沒關係，喵——無論是給誰準備的我都會吃到。」

梨花順着香味抬起頭，看見了坐在架子上的貓貓神。

「我沒聽說你們養狗了，喵——好小的狗，甚麼品種？」

「噓！那不是狗，你這樣說太不尊敬我們的貓貓神了。」楊永樂趕緊說。

「貓貓神？喵——」梨花瞇起了眼睛，「我怎麼沒聽說過，故宮裏有這麼一位神靈？」

她「呼」地跳上置物架，湊到貓貓神的跟前。

「一隻貓。我最討厭貓。」貓貓神一臉嫌棄地說，「無知又愚蠢的貓，在我發脾氣之前，你最好離我遠點。」

「快下來！別把貓貓神惹火了。」楊永樂一把抓住梨花，把她抱下架子。

「好神氣的貓貓神，喵——」梨花冷笑道，「我雖然沒聽說過貓貓神，但我倒是聽到了一些別的消息。就在三天前的晚上，趁着看守《獸譜》的霸下不注意，一個怪獸逃出了《獸譜》。偏偏那個怪獸和你長得還挺像。」

「別胡說！」楊永樂皺着眉頭對梨花說，「我從來沒在《獸譜》裏看到過叫貓貓神的怪獸。」

「因為那個怪獸不叫貓貓神，而叫天狗。喵——」梨花兩眼緊盯着貓貓神，「是你吧？天狗，你居然連名字都改了！貓貓神？虧你想得出來，還假裝神靈吃上了人類的供品。」說着，梨花兩下就躥上架子，叼走了天狗面前的牛肉乾。

「你這隻可恨的貓！」天狗猛地從架子上躍起。在半空中，他的個頭越來越大，等到落地時，他已經比梨花還要大一圈了，屋子裏立刻充滿了一股臭烘烘的味道。

梨花飛奔出失物招領處，嘴裏的牛肉乾一點也沒有影響到她奔跑的速度。他們跑進院子，一眨眼就跑出了儲秀宮。

「我知道梨花帶天狗去哪兒了。」我輕輕搖了搖頭，那隻狡猾的野貓一定把天狗引向了有神獸們看守的故宮圖書館。

「我也知道。」楊永樂點點頭，他呆呆地望着儲秀宮的大門，「好吧，看來我們被天狗利用了。他躲在我們這裏，確實很難被怪獸們發現。」

「我的生日禮物居然就這麼沒了。」我失望地說，「看來我得讓我媽媽重新送我一個。」

楊永樂忽然想到了甚麼。他回到失物招領處，把那本《獸譜》的複印版找了出來。他一邊查閱目錄，一邊翻找着，終於找到了有「天狗」圖片的那頁。「看這兒！我就知道，他起貓貓神這個名字不會是沒有原因的。」他笑着對我說。

我湊過去，只見「天狗」下面的介紹寫着：「天狗……其狀如貍而白首，其音如榴榴（或作貓貓），可以禦凶。」

故宮小百科

天狗：正如故事中和《山海經．西山經》提到的，天狗「可以禦凶」。不過天狗後來演變成用來形容流星和彗星。在民智未開的年代，古人認為天空奔星是不吉利的，所以天狗亦變成凶星之稱。古人更把視為不祥之兆的日蝕現象稱為「天狗食日」。

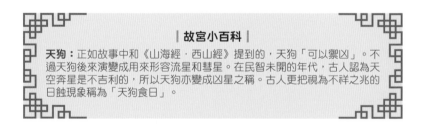

牛肉干

4
喜塔爾的駱駝

故宮南三所附近消防站的空地上，有一張乒乓球台。

那是故宮裏唯一的運動場地。沒辦法，每座宮殿都是寶貝得不得了的建築，所以籃球啊，足球啊，棒球啊……這些有可能砸壞東西的運動設施都不可能出現在故宮裏。

午休的時候，經常有人在那裏打乒乓球。我和楊永樂無聊的時候也會去打，不過我們沒有球拍，每次都要去別人的辦公室裏借。

難得趕上一個初冬裏沒有風的好天氣，我和楊永樂決定來場乒乓球賽。我們很快就借到了球拍，卻沒有借到球。

「去宮廷部碰碰運氣吧！」楊永樂說，「大劉叔叔他們

經常打乒乓球。」

宮廷部辦公室的院門關得緊緊的，這可難不倒我們。因為這裏的院門用的是密碼鎖，而楊永樂知道大多數辦公室的密碼。門「咔」的一聲打開了，院子裏一個人都沒有，辦公室裏也看不到人影。

「大家可能去倉庫了。」我猜道，「我們還是去別的地方借球吧。」我剛要離開，卻被楊永樂拉住了：「既然都來了，怎麼也要去大劉叔叔的辦公桌上找找看。」

「這怎麼行？」我有些猶豫。

「別擔心，跟我來吧。」說完，他輕手輕腳地走進辦公室，活像個小偷。大劉叔叔的辦公桌靠近窗戶，桌子上亂糟糟的，窗外的陽光正好照在一個橙黃色的小圓球上。

「我就知道，大劉叔叔這裏一定有乒乓球！」楊永樂興奮地拿起小球。

我的眼睛卻被其他東西吸引了：「這是甚麼？」

雜亂的辦公桌上，擺着一個正方形的大木盤。木盤上的格子裏，裝着一些小巧的彩色木雕：有穿着紅色袍子的蒙古士兵小人兒，有穿着金色袍子的騎馬武士，有小巧的馬拉戰車，有一臉兇相的獅子，有高頭大馬，有長着駝峯的駱駝……

「這是蒙古象棋。」楊永樂捏起一枚獅子棋子。

「別動！」我打了下他的手。他也覺得自己有點過分，趕緊把棋子放回了木盤。

「估計要展出，所以這副象棋才會被取出來放在這裏。」楊永樂說。

「我還是第一次聽說蒙古象棋。」我瞪大眼睛看着那些雕刻精緻的棋子，無論是中國象棋還是國際象棋的棋子，都沒有這些棋子好看。

「蒙古象棋是世界上最古老的棋類之一。我看過的一本書上說，早在契丹王朝的時候，人們就開始玩蒙古象棋了。蒙古象棋在清朝皇宮裏很流行，聽說道光皇帝就特別喜歡和蒙古族的大臣們下蒙古象棋。」

「你會玩嗎？」我問楊永樂。

他搖了搖頭：「我沒學過，聽說玩法和國際象棋有點相似。不過，現在故宮裏應該沒人會玩了。走吧！我們去打乒乓球。」

「等等。」我叫住他，「你看這裏好像少了一顆棋子。」木盤中，有一個格子是空着的，格子勾勒出一隻駱駝的輪廓。

「可能是送去修復了。」楊永樂催促我說，「走吧！要不然一會兒乒乓球台被別人佔了，又要等上半天。」

我點點頭，跟在他後面走出了宮廷部的小院。

從大劉叔叔那裏拿來的乒乓球特別好用，彈得高，飛得穩，打在球拍上「砰砰」作響。

「好球！真是好球！」楊永樂興沖沖地說。

我倆的比賽越來越激烈，一個球居然打了十多個回合都分不出誰輸誰贏。楊永樂興奮得滿臉通紅，我也滿頭是汗，都想在這個球上贏了對方。

夕陽正在下沉，一切都被籠罩在橙黃色的光線裏。乒乓球台、球拍，就連腳下的地面都變成了橙黃色。而那顆本來就是橙黃色的乒乓球，顏色變得格外鮮豔。

楊永樂一個大力扣殺，乒乓球彈到桌面上的一瞬間，就像被打爆了一樣，突然炸開了。黃色的細沙從裏面噴湧而出，像瀑布一樣從桌面上「唰唰」流到地面上。不一會兒，我們腳下的石磚地就被沙子覆蓋了。乒乓球台陷在軟綿綿的沙子裏，周圍的宮殿啊，消防站啊，停車場啊……這一切都在沙子滾出來的瞬間忽然消失了。

我和楊永樂吃驚地發現，我們已經不在故宮裏了。我們的四周變成了一片望不到邊際的黃色沙漠。紅色的太陽讓天空變成了玫瑰色，腳下的沙子被陽光曬得滾燙。

「這是怎麼回事？」楊永樂的嘴巴張得老大。

「難道，那個乒乓球有魔法？」我呆呆地看着四周說。

「乒乓球有魔法？這也太誇張了吧？」楊永樂忽然把臉扭向一邊，「看！有甚麼東西走過來了？」

「甚麼東西？」我緊張地問。

「好像……好像是一隻駱駝。」

「駱駝？」

我順着他指的方向看去。遠遠的沙丘上，真的有一個小小的駱駝身影，正搖搖晃晃地朝我們的方向走來。一陣熱乎乎的風吹過，傳來了清脆的「丁零、丁零」聲。不用猜，我也知道，那是駱駝脖子上的駝鈴發出的聲音。

「這是幻覺嗎？」我揉了揉眼睛。但無論怎麼揉，眼前仍然是沙漠和孤零零的駱駝的身影。

「不知道啊……」楊永樂望着那隻駱駝說，「你不覺得奇怪嗎？這麼大的沙漠裏怎麼只有一隻駱駝？電視裏播放的穿越沙漠的場景中，商人們都會帶着幾十隻駱駝組成的駝隊啊。」

「也許是隻野駱駝？」我猜。

「野駱駝怎麼會有駝鈴？牠肯定是有主人的。說不定牠和駝隊走散了，或者主人死在沙漠裏了。」

聽他這麼一說，我起了一身雞皮疙瘩：「牠的主人不會是渴死的吧？」

「有可能。」楊永樂面無表情地說，「也可能是遭遇了強盜。《阿里巴巴與四十大盜》裏不是寫了嗎？沙漠裏經常會有搶劫商隊的強盜。」

「失去主人的駱駝會怎麼樣呢？」我問。

「時間久了，肯定會在沙漠裏渴死或餓死。但聽說也有特別聰明的駱駝，可以穿越沙漠，找到回家的路。」

我開始可憐那隻駱駝了：「我們過去看看牠吧！」楊永樂點了點頭。我們剛準備迎着駱駝走過去，卻聽到了更奇怪的聲音。不知道從哪個方向，傳來了獅子憤怒的吼聲。聲音似乎離我們很遠，在獅吼聲中，還夾雜着人聲和「叮叮噹噹」兵器碰撞的聲音。

我們立刻停住了腳步。

「發生甚麼事情了？」

「不會是你說的強盜們追來了吧？」我恐懼地看着沙漠

深處。

「運氣不會那麼差吧？」楊永樂說，「我覺得頭有點暈，可能是中暑了……」說着，他在我面前慢慢地倒了下來。我蹲到他身邊，也突然感覺到一陣暈眩。

在我模糊的視線裏，駱駝變成了消防站的側門。一望無際的沙漠無聲無息地消失了。乒乓球台上，橙黃色的乒乓球跳得老高，一下子打到了我的鼻子上。

「哎喲！」我彷彿突然從夢中醒來，睜開了眼睛。

楊永樂坐了起來，使勁眨了眨眼睛：「結束了？」

「我們看到的是幻覺嗎？」我問他。

楊永樂搖搖頭：「不知道。不過，就算是幻覺也不能這樣結束吧？我們還沒弄清楚沙漠裏到底發生了甚麼。」

「聽聲音，應該不是甚麼好事情。」

天已經黑了，四周一片昏暗。乒乓球是打不成了。要不要把乒乓球還回去呢？我和楊永樂都有些猶豫。

「反正這時候，大劉叔叔也下班了吧？」楊永樂說，「我們等他上班後再把球還給他吧。」

我們知道，這樣一直拿着別人的東西，連招呼都不打是不對的。但是，在把乒乓球的祕密弄清楚之前，我們誰也不想把它還回去。

第二天是星期六。我一大早就跑到乒乓球台前，發現楊永樂正在那裏發呆。哈，原來我們的心情是一樣的啊。沙漠中傳來奇怪的廝殺聲，就像一部沒有放完的電影，讓人忍不住想知道，下面還會發生甚麼。

「再試一次怎樣？」楊永樂提議。

我立刻點了點頭。我們並不確定怎樣才能讓乒乓球的魔法重現，只能一個勁地打，等着那片沙漠自己冒出來。所以，我們很小心地揮動着球拍，就怕還沒等到沙漠出來，球就中斷了。

不知道打了多少個回合，乒乓球又「噗」的一聲炸開了。黃色的沙子包圍了一切，不一會兒，我們腳下的石磚變成了滾熱的沙子，那片無邊的沙漠再次出現在我們眼前。

這次，駱駝離我們近了一些，駝鈴聲更加清晰了。很快我們就又聽到了獅子的吼聲和兵器的碰撞聲。順着聲音傳來的方向，我們看到遠處的沙漠中揚起了橙色的煙霧。

「那裏應該就是戰場！」楊永樂大聲叫道，「我們去看看吧！」

「太遠了。」我搖搖頭，「別忘了，我們在沙漠裏，沒有帶水和食物。萬一回不來，會沒命的。」

耳邊的駝鈴聲漸漸大了起來。我瞇着眼睛看過去，不知道甚麼時候，駱駝已經跑到了我們面前。牠有一雙濕潤的眼睛、一對長長的睫毛，看起來很溫馴。

「有辦法了！」楊永樂仰頭看着駱駝說，「我們騎駱駝過去，怎麼樣？如果有危險，還可以隨時逃跑。」

「可是，我不會騎駱駝啊。」

「我也沒騎過，應該和騎馬差不多吧。」說着，楊永樂走到駱駝面前，輕輕撫摸牠的脖子。沒想到，駱駝在他的撫摸下居然跪了下來，牠卧在地上，似乎正邀請我們騎上去。

楊永樂沒有猶豫，他扶着前面的駝峯，抬起腿跨到駱駝的背上。隨後，他招呼我：「快！坐到我後面。」我走過去抓住他的手，用力跨過駝峯，坐到他的身後。

楊永樂輕輕踢了下駱駝的肚子，駱駝搖搖晃晃地站了起來，然後就一路小跑，朝着塵土飛揚的地方跑去。熱風「呼呼」地從我耳邊颳過。

沙漠上方的天空是一片煙一樣的淡紫色。不知道跑了多久，駱駝終於跑到了黃色的沙塵中。楊永樂說得沒錯，真的是一處戰場啊！穿着紅袍的士兵和穿着黃袍的士兵滾成一團，不遠處還有兩個騎馬的武士也在廝殺。兩列馬拉的戰車正在各自的陣營中穿梭着，混亂一片。沙丘上，有士兵的屍體，也有駱駝和馬的屍體。我和楊永樂早被這駭人的場面嚇呆了。沒有人注意到我們的出現，直到一個穿紅袍的士兵倒在了我們的駱駝前面。

「你、你沒事吧？」楊永樂的聲音都變了，勉強彎下腰問，「發生甚麼事了？」

士兵微微地睜開眼睛，乾裂的嘴唇哆嗦了幾下：「喜……塔……爾……」然後，他一歪頭，再沒有了動靜。

天哪！他是死了嗎？這是第一次有人死在我面前！我嚇壞了，渾身顫抖得如風中的樹葉。「快！快離開這裏！」我尖叫道，催促楊永樂。楊永樂也被嚇破了膽，他使勁踢了一下駱駝的肚子，駱駝就飛快地跑了起來。然而，身穿黃色袍子的士兵們發現了我們。他們緊緊追在我們身後，手裏的武器閃閃發亮。

糟糕！要沒命了！我的後背冒起一股寒氣。不知道跑了多久，駱駝忽然一下被身後追上來的騎兵刺中了！牠倒了下來，喘着粗氣。我和楊永樂也摔在了沙子上。就在那一剎那間，我們身下的沙漠忽然像大海退潮一樣地消退，風聲瞬間止住了，四下裏讓人難以置信地安靜了下來。與此同時，我和楊永樂又一次失去知覺……

再睜開眼睛時，我和楊永樂都躺在乒乓球台旁邊。橙黃色的乒乓球不見了，我們身邊卻多了一枚木刻的駱駝棋子。

楊永樂拿起那枚駱駝棋子，仔細打量：「怎麼看起來這麼眼熟啊？這不會就是我們剛才騎的那匹駱駝吧？」

「就是那匹駱駝啊，你看它身上還有被劍刺中的痕跡呢。」我認出來了，「它不就是蒙古象棋中少的那枚棋子嗎？」

「還真是！」楊永樂也想起來了，「怪不得，我在沙漠裏就覺得它眼熟。它怎麼會出現在這裏呢？」

我仔細想了想：「那個乒乓球會不會就是它變的？」

「它有這個本事嗎？」楊永樂捏着駱駝棋子，把它舉在在陽光下照了照。駱駝棋子一動不動，和一枚普通的木頭棋子沒甚麼兩樣。

「無論是不是它變的，我們最好都趕緊把它送回去。」我站起來說，「要是被發現了，他們會以為是我們偷走玩的。」

「你說得對！」楊永樂一下子跳起來，「必須在有人發現前，把它送回去。」

我們跑到宮廷部的辦公室。今天是週六，沒人上班。大劉叔叔的辦公桌上，那副蒙古象棋保持着昨天的樣子，安靜地擺在桌面上。楊永樂小心翼翼地把駱駝棋子放回木盤。果然，駱駝棋子放在空格子裏大小正合適。

「走吧！」我催促他。

「等等……小雨，你看！這些不就是我們看到的在沙漠裏的士兵嗎？」他指着木盤上的棋子。

我走到桌子前，看着紅袍士兵和黃袍士兵的棋子。真的，他們和我們在沙漠裏看到的士兵一模一樣。

但是，我還是有點想不明白：「那個死去的士兵所說的『喜塔爾』又是甚麼意思呢？」

「不知道，不過我應該能查到。」

離開宮廷部後，我回到媽媽的辦公室補覺。可能是因為在沙漠裏跑累了，這一覺我睡得特別香甜。一直睡到中午，我才迷迷糊糊地醒來。我還沒鑽出被窩，楊永樂就急匆匆地闖了進來。

「小雨！我查到『喜塔爾』的意思了！」他的臉上掛着得意的微笑。

「甚麼意思？」我一下子清醒了。

「『喜塔爾』在蒙古語裏就是蒙古象棋的意思。」

「難道我們闖進的沙漠……」

「我們闖進的沙漠，就是蒙古象棋的棋盤啊。」

｜故宮小百科｜

蒙古象棋：音譯喜塔爾。故宮博物院有一收藏，匣長27厘米，寬27厘米，共有棋子32枚，包括2騎馬武士、2獅子、4駱駝、4站立的馬、4馬拉戰車和16個端坐的人，可分別對應象棋中的將、炮、象、馬、車和卒。象形的棋子對比象棋和國際象棋馬上突顯其濃郁的草原生活氣息。蒙古象棋的規則和走法與國際象棋類似，一般認為它們起源相同，都是來自於古印度的「恰圖蘭卡」四人對弈遊戲。

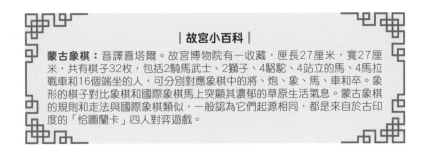

5
天生冤家

自從入冬以來，北京就沒下過一場雪。天氣乾燥又寒冷，金水河已經結冰了，冰冷的風吹在臉上，每個人的嘴脣都乾裂得如缺水的土地。

「這樣乾旱，可不是好兆頭。」故宮東華門的看門爺爺說。這句話就像預言似的，不好的事情很快就發生了。

一個深冬的早晨，打掃金水河堤岸的保潔阿姨發現，金水河的河水突然少了一半！結冰的水面下降了好大一截，趴在岸邊就可以看到河堤上由於河水下降留下的深色痕跡。

金水河的河水突然大量減少，這可不是小事。消息傳到故宮，連院長都被驚動了。他和管理金水河的負責人一起，到處調查是哪裏出了問題。他還給水利局的專家打了電話，請他們來故宮幫忙調查。

事情沸沸揚揚地鬧了一天。一批又一批的專家趕來，卻沒有人弄清楚到底是怎麼回事。直到傍晚，大家才陸續離開金水河，打算第二天接着調查。

可是，第二天清晨，奇怪的事情又發生了。金水河的河水突然暴漲，連結實的冰面都被迅速上漲的河水沖破了，裂成了一塊塊的浮冰。

既沒有下雪，也沒有下雨，這突然增加的河水到底是從哪裏來的呢？這下，水利專家們更傻眼了。於是，故宮博物院的院長又親自出馬，請來了地質學家、地下水研究專家和氣象專家一起來調查原因。但是，一天過去，仍沒有人能解釋河水突然減少又突然暴漲的原因。

夜晚來臨，疲憊的專家們離開了，很多故宮員工留了下來。既然河水的減少和增加都是在夜裏突然發生的，大家覺得也許能在晚上發現點甚麼線索。

我媽媽也主動申請留在河邊守夜，卻被勸了回來。院長說，不需要那麼多人守在那裏，大家第二天還要正常工作。最後，他只讓安保部門的幾個員工留在了河邊。

第三天早晨，金水河的河水又減少了。和第一天相比，這次河水減少得更多。水變得又淺又混濁，透過水面幾乎可以看到河底的水草和淤泥了。

儘管河水下降得這麼厲害，守在河邊的人卻沒有發現任何不同尋常的事情。他們說，河水一直非常平靜，沒有漩渦也沒有波浪，除了在凌晨兩點鐘時發出了一陣輕微的「咕嘟、咕嘟」聲外，甚麼事情也沒有發生過。因為夜晚的光線不好，他們也是在天亮後才發現河水居然在夜裏減少了這麼多。

院長的心情越來越沉重了。無論從哪方面來說，金水河的這種怪異現象都是無法用科學來解釋的。

第四天清晨，金水河的河水再次暴漲。河水已經超過了警戒線，多得快溢出來了。為了防止意外發生，故宮臨時進行了防洪準備，在河堤兩岸堆滿了裝有砂土的麻袋。

在折騰了整整四天後，所有人都已經疲憊不堪，但卻依然不知道河水突然減少和突然暴漲的原因。我媽媽一回到辦公室就栽倒在牀上睡着了。她已經連續三天沒有睡個好覺了。

我安靜地寫着作業。直到黃昏來臨，紅色的太陽在漫天彩霞中慢慢地消失在故宮的紅牆後面，我才收起作業，走出辦公室。

春華門外，楊永樂正站在夕陽下等我。我們一起走進雨花閣的院子，龍和斗牛正在喝茶，一副悠閒的樣子。

「龍大人、斗牛，你們知道原因，對吧？」我迎面就問，「金水河河水減少和暴漲的原因，你們知道對不對？」

「別着急，坐下來喝杯茶吧。」斗牛慢悠悠地說。

他把一個茶杯推到我面前，另一個推給楊永樂。我注意到，雖然只有他和龍兩個怪獸在喝茶，托盤裏卻有四個茶杯。

我明白了：「你早知道我們今天會來找你們？」

「龍大人覺得你們該來了。」斗牛回答。

「到底是怎麼回事？」楊永樂追問。

「還不是你們闖的禍。」龍出聲了。

「我們？」我的眼睛瞪得老大，「我們哪有這個本事……」

「你真的小看你自己了。」龍冷笑着說，「你們的本事可不小呢。弄壞了封印，讓《獸譜》裏的怪獸隔三差五出來閒逛、找麻煩。故宮裏的神獸們每天為了捉怪獸、把他們送回《獸譜》忙得團團轉，這都是託你們的福啊。」

「難道，金水河的事情也是《獸譜》裏的怪獸幹的？」楊永樂問。

「沒錯。」斗牛點點頭。

「哪個怪獸有這麼大的本事，可以控制河水的多少？」

「不是一個怪獸，是兩個。」斗牛放下茶杯，說，「金水河這次出現的怪事，其實是獙獙和長右鬥法的結果。」

我皺起眉頭問：「你說甚麼？鬥法？甚麼意思？」

斗牛回答說：「獙獙是旱獸中的一種，他和長右上千年來一直是死敵。他倆只要碰上，就會互相找麻煩，總想在法力上壓過對方。獙獙善於取水，出現在哪裏，哪裏就會乾旱。長右則是水獸，無論去哪兒都會為那裏帶去洪水。從很久以前開始，這兩個怪獸就被視為災難的象徵。這次，因為《獸譜》的原因，他們兩個同時出現在故宮裏。先是獙獙喝了金水河一半的河水，長右發現了，就讓金水河的河水上漲得比獙獙喝之前還多。獙獙看到長右做法，就一口氣喝掉了大部分的河水。於是，長右就乾脆讓金水河的河水漲滿，以顯示自己的本領比獙獙厲害得多。」

「如果是這樣的話，那今天晚上，獙獙應該會喝掉金水河所有的河水吧？」我猜。

「沒錯，獙獙為了顯示自己比長右厲害，今天晚上一定會喝掉所有的河水。」斗牛回答，「金水河的河底藏着很多故宮的祕密，不能就這樣暴露。所以，在獙獙喝完所有河水之前，你和楊永樂必須阻止他。」

「我們？」楊永樂嚇得大叫，「為甚麼是我和李小雨？這種時候難道不該怪獸們出手嗎？」

「怪獸們出手的確會更簡單。」龍說話了，「但是，這次麻煩是你們惹出來的，所以理應由你們去解決。也算是給你們一些教訓。」我和楊永樂都明白，龍都這樣說了，事情就不可能改變了。

「那能不能告訴我們，我們應該怎麼做？」我小心翼翼地問。斗牛歎了口氣說：「你們應該先找到這兩個怪獸，長右應該在……」

「好了，」龍打斷了斗牛，「現在你們該出發了。」

斗牛看了看龍，不敢說話了。

我和楊永樂垂頭喪氣地離開雨花閣。黑漆漆的故宮裏，我們連應該去哪兒找那兩個怪獸都不知道。

「龍怎麼能這麼狠心？居然讓我們去解決兩個怪獸，還是惡獸！」我情緒激動地大叫。

「噓！冷靜。」楊永樂拉着我走出去好長一段距離，才神神祕祕地從衣兜裏掏出一片綠葉，「看，這是甚麼？」

「葉子。」

「我知道這是葉子，你能不能看出它有甚麼特別的？」

我拿過葉子，在路燈下仔細看了看。葉子接近圓心形，上面有微微扎手的絨毛。我說：「這不像是樹葉。」

「沒錯，這不是樹葉。這是蜀葵的葉子。」楊永樂說，「這片葉子是斗牛偷偷塞給我的。」

「他為甚麼要給你一片蜀葵的葉子？」

「故宮裏種蜀葵的地方只有一個，在文華門外。我想，斗牛是想借着蜀葵的葉子提示我們，獙獙和長右中的一個就在文華門附近。」

「哇！你真聰明！」我由衷地說。

「走吧，到文華門還有點距離，我們要抓緊時間。」

「希望那兩個怪獸不要太兇。」我嘴裏嘟囔着。

文華門外，有一片海棠樹。在這個季節，海棠樹的枯枝在寒風中擺動着，地上枯黃一片。

「蜀葵應該是被種在這裏的。」楊永樂指着海棠樹林對面的一片空地說，現在那裏除了枯草甚麼都沒有。我們剛走到那片空地前，楊永樂手裏的綠葉就如煙霧般散開，沒留一點痕跡。

「看來我們找對地方了。」他點點頭，開始四處張望。

我也在黑夜中仔細尋找怪獸。這時，海棠樹的上方傳來一個聲音：「你們是在找我嗎？」

這個聲音實在太像人類的聲音了，我不由得一愣。我抬起頭，朝着聲音傳來的方向看去，只見一個大獼猴一樣的怪獸正攀在海棠樹上，轉過頭看着我們。他長得和一般獼猴沒甚麼不同，只是耳朵有點奇怪：他居然長着四隻耳朵。

「這不會是長右吧？」

楊永樂問我。還沒等我說話，那個怪獸就大聲回答：「我是長右！你們是龍派來的？」

「你說得對。」楊永樂說，「我們是龍大人的使者。」

「太棒了！」長右高興地說，「這麼說，你們是來抓獙獙的了？」

「我們是在找獙獙，但是我們也在找你。」楊永樂含糊地說。

「找我？為甚麼？難道是來感謝我的？」

「呃……我不明白，我們為甚麼要感謝你呢？」

「因為我解決了獙獙所帶來的旱災，讓河水不但沒有被那個壞傢伙喝光，還更多了。」長右得意地說。

「的確是這樣。」楊永樂承認，「不過，你讓河水漲得太多了。」

「這地方這麼乾旱，連雨都不下，水多點沒甚麼壞處。」

「話是這麼說。但是，其實我們來是想請你回到《獸譜》裏去。」楊永樂說。

「讓我回到《獸譜》裏？那獙獙呢？」

「當然也要請他回到《獸譜》裏。」

「回到《獸譜》裏對我來說沒甚麼問題，但是獙獙必須在我之前回去。」長右說，「如果我先回去，他肯定會把這座城市裏的水都喝個精光。你們不了解那傢伙，他的嫉妒心非常非常強。他只吃鳥兒的翅膀，就是因為嫉恨牠們比自己飛得高、飛得遠。他也嫉妒我的能力，所以看到我把水漲得這麼高，他一定會加倍喝水，直到把所有水都喝光。」

「原來是這樣。」楊永樂喃喃地說，「那看來的確要先解決這個獙獙才行。」

「而且還要抓緊時間。」長右高聲說，「他現在就在河邊，打算喝掉整條河的水呢。」

「你知道獙獙的具體位置嗎？」我着急地問。

「當然，他現在就在旁邊的金水橋上，我從這裏就可以看到他。」

「你能在這裏別動嗎？」楊永樂不放心地說，「等我們讓獙獙回到《獸譜》裏後，我希望你也能遵守承諾，儘快回去。」

「我並沒有給你們甚麼承諾。」長右說，「不過，我答應你們，如果那傢伙回去，我也會回去。」

「說定了！」

我和楊永樂急匆匆地朝金水橋跑去。明亮的月光下，我們遠遠地看見有一個長着翅膀的怪獸正站在橋邊。

為了不驚動他，我們放輕了腳步，繞到他身後。這是一個體形不大的怪獸，頭長得像狐狸，身體和尾巴卻像老虎。他身後有一對像蝙蝠翼似的翅膀，當然，那對翅膀要比蝙蝠翼大得多。

就在我們快要接近他時，怪獸突然扭過頭看着我們說：「你們要找我麻煩嗎？」他的聲音很好聽，有點像幼

兒園裏小孩的聲音。但我還是被嚇得跳了起來，就像不小心踩到了電線上。楊永樂則緊張得一動不動。過了好一會兒，楊永樂才出聲：「你是……獙獙？」

「是我。」怪獸點點頭，「看來你們是專門來找我的。」

「我們是龍大人的使者。」我說，「龍大人希望，你能回到《獸譜》裏去。」

「這我可不幹！」獙獙乾脆地說。

「為甚麼不回去？你本來就是從《獸譜》裏跑出來的啊。」我問。

「沒錯，我是從《獸譜》裏跑出來的，可是跑出來的怪獸又不止我一個。」

「你是指還有長右嗎？」楊永樂問。

「沒錯，我說的就是他。他回到《獸譜》裏了嗎？」

「還沒有。」楊永樂承認。

獙獙抬起下巴說：「那就對了，既然長右沒有回去，你們憑甚麼讓我回去？」

「長右說，只要你回到《獸譜》裏，他就會回去。」

「這種話誰都會說。」獙獙冷笑着說，「在長右回到《獸譜》裏之前，我是不會回去的。」

「憑良心說，」楊永樂說，「歸根到底是因為你喝了金水河的河水，才導致了這麼多麻煩，所以應該你先回去。」

「你這麼說不公平。北京乾旱，在我跑出來之前就是這樣了。乾旱必然會導致河水減少，就算我不喝，它也會減少的。」獙獙說，「我就是因為不想惹麻煩，才沒有喝光河水，而是只喝掉了一半。要不是長右跑出來搗亂，我根本就沒想過再讓河水減少。你們明白嗎？都是因為長右，河水才會增加、減少，又增加、又減少……」

「我不太明白。我覺得這次麻煩就是你直接引起的。現在整個故宮、甚至全北京的人都被這件事驚動了。這可能給故宮裏的怪獸們帶來很多麻煩，你明白嗎？所以，我勸你還是乖乖回到《獸譜》裏，不要等到神獸們出手比較好。」楊永樂威脅他說。

獙獙低頭想了想：「你說得也對。好吧，我同意回到《獸譜》裏，不過我有個條件——你們要讓長右先回去。」

「哦，不！」我發出了一聲哀歎。

「如果你們兩個都非要堅持誰先誰後的話，那就沒有一個能回去了。」楊永樂歎了口氣說。

「這我不管，反正我不能在長右之前回去。」獙獙賭氣轉過身，把後背對着我們。

「我明白了，關於你和長右誰先回去的問題，我得和我的搭檔好好商量一下。」楊永樂說。

「我願意讓你們好好考慮一下。」獙獙點點頭，「可是，如果你們不能讓長右先回去，我就會喝光整條河的水。」

「你這算威脅嗎？」我不高興地問。

「沒錯，就是威脅。」獙獙笑着說。

我們走得離那個怪獸遠了一點，以便可以商量對策。

「不管怎麼說，最早闖禍的是獙獙，從道理上講，也應該他先回去。」我說。

「不錯，是這樣。但是我看獙獙不是個容易通融的傢伙。相反，長右好像更好說話一些。」楊永樂說。

我點點頭說：「雖然是這樣，但是，我不覺得我們能勸動長右。我們對他們的了解太少，也不知道他們的弱點，連威脅都做不到。」

楊永樂用手撓了撓下巴：「既然這樣，讓他們扔硬幣決定怎麼樣？這樣最公平，他們也不會指責我們偏心。」

「他們會願意嗎？」我有點懷疑。

「除此之外還能有甚麼辦法呢？」

我點點頭：「的確也沒有別的辦法了。那這樣，我去說服獙獙，你去說服長右，怎麼樣？」

「你居然選擇了比較難說服的那一方？」楊永樂有點吃驚。

「我有個想法，想要試試看。」

「希望能奏效。」楊永樂說，「祝我們好運。」說完，他朝着文華門跑去，我則迎着獙獙走過去。

「你們吵架了嗎？我看到你的搭檔跑了。」獙獙說。

「不，他去找長右了。我們想到了一個非常公平的方法。」我回答。

「公平的方法？」

「是的。」我從衣兜裏掏出一枚一塊錢的硬幣，拿給他看，「你和長右各選這枚硬幣的一面，然後由我來拋硬幣。硬幣掉到地上，哪面朝上，選擇那面的怪獸就先回到《獸譜》裏。怎麼樣？很公平吧？」

「我不感興趣。」

獙獙的拒絕完全在我的意料之中，我不慌不忙地說：「我猜到你不敢嘗試了。」

「不敢？甚麼意思？」獙獙戒備地瞇起了眼睛。

「因為你知道自己的運氣沒有長右好。」我接着說，「個頭沒有他大，法力也沒有他厲害，自然運氣也要差一點。」

「你居然這麼想？」獙獙生氣地說，「我的個頭的確沒有他大，不過傻大個又有甚麼用呢？我擁有翅膀，身體矯健，這才是最有用的。至於法力，我要比他厲害不知道多少倍。如果有機會，我一定讓你看看我的真本事。所以，我的運氣當然要比長右好！」

「運氣這種事情，就和法力一樣，除非當面比試一下，否則很難知道誰的更好吧？」我說，「難道你們以前比試過運氣？」

「運氣倒是沒有比試過。」獙獙想了想說，「好吧，我同意你們那個拋硬幣的方法。讓你們看看誰的運氣更好。」

我笑了。怪獸往往比我想像得還要單純，我只說了幾句話，獙獙就落入了我的「圈套」。

我帶着獙獙來到協和門，這裏是金水橋到文華門這段距離的中心點。楊永樂已經帶着長右等在那裏了。我真想知道，他是怎麼說服長右的。

兩個怪獸見面後互相不太客氣。獙獙見到長右後，立刻豎起了翅膀，一副隨時會攻擊對方的樣子。而長右則齜着尖利的白牙，擺出一副很兇的模樣。我們用了好長時間才讓他們兩個冷靜下來。

獙獙選擇了硬幣的正面，長右立刻選擇了硬幣的背面。拋硬幣的時候，我的冷汗都快流下來了，就怕他們反悔。

硬幣「哐噹噹」地掉落到地面上後，我們四個的臉都湊到了硬幣上方：是背面！

我和楊永樂小心翼翼地看着長右，長右的臉色不太好看，不過他仍然很鎮定。

「看來是天意，」他說，「既然這樣，我就先回去吧。」他的這句話讓我和楊永樂同時鬆了一口氣。

「你果然是一個信守承諾的怪獸！」楊永樂大聲說，「真的很值得我們尊重！」

「是啊，是啊。」我在一邊不停地點頭。

長右聽到我們的讚美，臉色變得好了許多。但是，本來在一旁得意洋洋的獙獙卻不太高興了：「如果硬幣拋到的是正面，我也會信守承諾的。」

「我相信是這樣。」我點着頭說，心裏不由得讚歎，和狡猾的人類相比，怪獸們要可愛多了。

故宮小百科

獙獙：出自於《山海經．東山經》的怪獸，生活在姑逢山。獙獙的外形像狐狸而有翅膀，但不能飛很高，聲音似大雁。每當牠出現的時候，就預示着會有乾旱發生。

長右：出自於《山海經．南山經》的怪獸，生活在沒有草木卻有豐富水源的長右山。長右長得像獼猴，有四隻耳朵，叫的聲音像人的呻吟聲。見到牠就預示着郡縣會發生大水災。

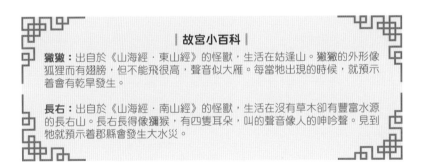

6
厭火獸

深冬的時候，御花園的狐仙集市上出現了一個套圈遊戲的攤位。

攤位很小，在集市最邊緣的地方。攤位的主人從頭到腳都裹在黑色的袍子裏，坐在攤位的最裏面，既不叫賣，也不招呼來往的客人。他面前的草地上，擺放着各種各樣的獎品。

遊戲的玩法很簡單，攤位前面的牌子寫得很明白。你可以用錢或者冰塊換五個鐵圈，然後站在石子路與草地的交界處，扔出鐵圈來套取獎品。鐵圈套住了甚麼，你就可以免費拿走甚麼。這樣的天氣，冰塊到處都是，所以玩遊

戲的動物還不少。

雖然這看起來是很普通的套圈遊戲，可是無論是誰走到這個攤位前都會忍不住笑出聲。因為，那些地上擺着的獎品看起來實在太可笑了——巴掌大的樹葉、燒焦的木炭、臘梅的花瓣、人類不要的舊雜誌……反正都是些毫無用處、拿到手裏也會立刻扔掉的東西。

只有一樣東西例外，那是一個漂亮的古董暖手爐。

暖手爐大約只有一個巴掌大，金燦燦的，看起來是用黃銅做的。古代的人在裏面放上木炭，通過木炭燃燒產生的熱量來取暖。它似乎是被刻意地放在了鐵圈最難套到的位置。

「要玩嗎？」楊永樂問我。

「我還在考慮。」我仔細打量着那堆獎品。說實話，它們看起來和垃圾差不多，一分錢也不值，除了那個暖手爐。

「我想試試看。」楊永樂掏出一枚硬幣，攤主從黑袍下伸出一隻黑黑的手接過硬幣，認真地把它放進口袋。然後，他遞給楊永樂五個鐵圈。

楊永樂退到石子路上，眼睛緊緊盯着那個暖手爐。可惜的是，每次他扔出去的鐵圈都距離獎品差了一點點。最後，他只套了片樹葉回來。

「運氣真差。」他聳聳肩，順手就把那片樹葉扔進了垃圾箱，「你要不要也碰碰運氣？還挺好玩的。」

「好吧。」我也掏了枚硬幣出來，放到攤主的手心，攤主把那枚硬幣在身上擦了擦才放進口袋。然後，他遞給我五個鐵圈。

我憋住氣，一個接一個扔出鐵圈。第一個鐵圈扔偏了，掉在地上彈了出去；第二個鐵圈碰到了暖手爐，可是並沒套上，倒在了旁邊；第三次時用的力氣太大了，鐵圈差點砸到攤主；第四次時用的力氣又太小了，鐵圈套在了前面的舊雜誌上。

我歎了口氣，完全不抱希望地扔出了第五個鐵圈。只聽「哐啷」一聲，鐵圈居然穩穩地套在了暖手爐上，連我自己都不敢相信！所有圍觀的動物，還有攤主都愣住了。誰也沒想到，那個暖手爐會這麼快被我套走。

「小雨，你太厲害了！」楊永樂大叫，「攤主，暖手爐歸我們了。」攤主不聲不響地站起來，從鐵圈中拿起暖手爐，雙手捧着走到我面前。

「這可不是一般的暖手爐，既然拿到了就要好好保管。」攤主冷不防地說道，聲音聽上去含混不清、怪怪的，「尤其要注意的是裏面燒的炭，一般的炭可不行，只能用銀炭。這塊銀炭送給你，它永遠也燒不完。有了它，你就不用擔心燃料會用完了。」說着，他從衣兜裏掏出一塊銀色的木炭。

我點點頭，接過銀炭，想看看他的臉。但是黑色的長袍裏，只有黑漆漆的一片，隱約閃現出兩隻眼睛，也很快就消失在長袍裏了。

我捧着暖手爐，和楊永樂離開了攤位。因為唯一有價值的獎品被套走了，圍觀的動物們也隨着我們一起散開。我走出去幾步後，又回頭望了望，這時候攤主已經不見了，連個影子都沒有。哇，怎麼能這麼快？

我和楊永樂在儲秀宮門口分手，我繼續向西朝媽媽的辦公室走去。寒風吹在身上涼颼颼的，天已經冷得凍手，我卻沒戴手套。我想把手插進衣兜裏取暖，手裏偏偏還捧着一個暖手爐……啊！暖手爐不就是暖手用的嘛！

我把暖手爐放在地上，把銀炭塞了進去。我的羽絨服兜裏正好裝着個打火機，那是上星期給表弟過生日時點蠟燭用過的。我掏出打火機，「噗」地打出了藍色的火苗。火一碰到銀炭，銀炭就迅速燃燒起來。

一開始只是紅紅的小火苗，但很快，整塊炭都變得通紅，連暖手爐都變成了橘紅色，周圍的地面都被染上了紅光。

真好看啊！我正準備好好暖和一下，卻發現紅光中浮現出了讓人吃驚的東西——一個很小的黑影。隨着紅光越來越亮，我看清楚那是一隻非常小的猴子。他渾身漆黑，一雙眼睛閃閃發亮。他像人類一樣，直直地站在暖手爐旁邊，嘴和鼻孔裏時不時會躥出一絲黃藍色的火苗。黑猴子站在暖手爐映出的紅光裏，恍然間給人一種站在火焰裏的感覺。

我被嚇呆了，似乎連呼吸都忘了。過了好久，我才想起來問：「你……你是誰？」

「我不能告訴你我的名字。」黑猴子說，他的聲音怪怪的，和遊戲攤主的聲音驚人地相似。

「為甚麼？」

「如果告訴你我的名字，可能會給你帶來麻煩。」他

回答。

「那你為甚麼會出現在這裏？」

「這個啊，是因為魔法。」黑猴子說，「我給你講個故事吧。很久、很久以前，在讙頭國的南邊，有一個國家叫作厭火國。那裏經常會有火災發生，所以國民們都非常討厭火。但是啊，不知道是不是因為他們太討厭火了，得罪了火神。有一天，一場超級大火把整個厭火國都燒光了。大多數國民都沒能躲過這場火災，但也有人逃了出來。我就是逃出來的國民之一。火災那天我正在燒銀炭，就用魔法把自己藏在了銀炭燃燒發出的紅光裏。失去國家後，逃出來的國民到處流浪。但是無論走到哪裏，大家都怕我們會帶來火災，把我們當成災難的象徵。所以，沒有誰願意收留我們。無論到哪兒，我們都會被驅趕。漸漸地，厭火國的國民越來越少。最後，只剩下我了。」

聽了這麼悲慘的故事，我非常同情他：「你一直藏在銀炭的紅光裏嗎？」

黑猴子搖着頭回答：「只有遇到危險的時候，我才會藏到銀炭的紅光裏。」說話時，他的嘴裏偶爾會噴出火焰。那火焰的顏色很特別，黃色裏面包裹着青藍色。我聽元寶說過，青藍色的火焰溫度要比紅色和黃色的火焰溫度高得多。

於是，我問：「你的確會帶來火災，對吧？」

他歎了口氣，一臉悲傷：「你說得沒錯，我的確會帶來火災。從出生的時候就是這樣，只要呼吸，嘴巴和鼻子就會噴出火焰。就算是非常小心，也難免會點燃樹木和山林，引起火災。但是，這並不是我們願意的啊！在厭火國，我們的名字叫作厭火獸，因為我們最討厭火，可是火卻從我們的身體裏源源不斷地噴出來。這些火燒光了我們的國家，燒死了同伴，沒有比這更諷刺的了！」

紅光中，我看到厭火獸的眼角流出了眼淚，眼淚滴在地面上發出「嗞嗞」聲。

「啊，別哭啊。」我摸出一張紙巾，遞給厭火獸。可是，紙巾還沒碰到厭火獸的臉，就被燒成了灰。

「這次是甚麼危險讓你又躲到了銀炭裏呢？」我問。

「這座宮殿裏的守護神獸們正四處找我呢。」

厭火獸的話像一道閃電,「唰」的一下掠過了我的太陽穴。哎呀！我怎麼忘了，故宮最怕火了！那些用木頭搭建而成的宮殿，只要一把大火，就會被全部燒光。厭火獸是會給故宮帶來巨大災難的怪獸啊！

「你……你的確不應該出現在這裏，如果引起火災……」我結結巴巴地說。

「只要我躲在暖手爐裏，就不會引起火災。」厭火獸懇求道，「我太孤單了，已經記不清多久沒和別人說過話了。就讓我暫時待在你身邊吧，幾天後，我就會回到原來的地方。」看着他可憐兮兮的樣子，我真的不知道如何拒絕。那天晚上，我把暖手爐帶回媽媽的辦公室，沒對任何人說起厭火獸的事情。

這之後，只要有時間，我就會找一個沒人的、開闊一點的地方，把暖手爐裏的銀炭點燃，和厭火獸聊天。他會給我講很久、很久以前的故事，故事裏有沒着火前的厭火國；有厭火國北邊，樹上掛滿明珠的三株樹；有他們的鄰居——長着鳥嘴和翅膀、喜歡捕魚的讙頭國國民；有那時候經常出現在天空中的滅蒙鳥……

漸漸地，我點燃銀炭的時間一天比一天長，常常往暖手爐旁邊一坐，就不想動了，一心只想聽厭火獸講那些有趣的故事。每次聽完故事，我的耳朵都會熱乎乎的，我覺得自己好像也沉溺到那些遙遠的國度和那些不可思議的故事裏面去了。

沒過兩天，我就把讓厭火獸回去的事情拋到腦後了。「等他講完故事，再讓他回去吧！」我每次都這樣想。沒辦法，厭火獸的故事實在太好聽了。

一天，我寫完作業後，把暖手爐帶到院子裏的水井旁，像往常一樣點燃了銀炭。暖手爐漸漸亮了起來，紅光灑在井台上，可紅光裏卻沒有了厭火獸，映出的是一個小小的古老城市。

城市裏是一片火海，無論是土地還是山巒，都被燒得一片焦黑。城市裏的湖泊已經被火燒得沸騰，「咕嚕嚕」地冒着熱氣。四處都是「剌啦啦」火燒的聲音。厭火獸們在火海中奔跑着，試圖撲滅自己身上的火苗，但是，哪裏還有沒有火的地方呢？

我捂住胸口，感到一陣噁心。我隱約覺得，這裏也許就是厭火獸的家鄉——厭火國。那一刻，我彷彿被甚麼東西狠狠擊中，一下子清醒過來。我決不能讓故宮變成這幅畫面中的模樣，我決定立刻把厭火獸交給怪獸們。

我熄滅銀炭，把暖手爐抱在懷裏，朝着雨花閣的方向跑去。故宮裏黑漆漆的，偶爾會傳來一兩聲貓叫。宮殿間的夾道上，只有我一個人的腳步聲。

還沒到春華門，我就聞到了淡淡的煙味。那味道很像秋天時麥稈被燒焦了的味道。

糟糕！我突然有了不好的預感，銀炭的紅光裏厭火獸沒有出現，他不會是跑出去了吧？一時間，我彷彿已經看到了大火中的故宮，濃煙席捲宮殿。我急得跑了起來！

可是，雨花閣裏靜悄悄的，別說怪獸，連隻貓的影子都沒有。我不敢停留，急忙朝着御花園的方向跑去。

快！快！我必須快一點找到斗牛或者吻獸。

寶相花街上，狐仙集市依然如往常般熱鬧。我穿過擁擠的街道，卻沒看到一個怪獸。

直到我走進怪獸食堂。在寶石一樣閃爍的路燈下，怪獸們正圍坐在那裏，興高采烈地觀看一場表演。食堂中間放着一塊巨大的石板，石板上放着一個燃燒的火球，火球「咔啦、咔啦」地響着。厭火獸站在石板後面，不停地吐出火焰讓火球燃燒得更旺。他比跟我在一起時的個頭大了許多。火球如同耀眼的太陽，將整個怪獸食堂都籠罩在暖乎乎的熱氣裏，驅走了冬夜的寒冷。

忽然，「咔」的一聲，火球像被切成兩半的蘋果一樣裂開了。一股誘人的香味散發出來，熱氣騰騰的、被烤裂了的栗子像瀑布般滾了出來。怪獸食堂裏的客人們齊刷刷地低下頭，撿地上的烤栗子吃。

「真好吃啊！」

「太美味了！」

「冬天就是吃烤栗子的季節！」

…………

厭火獸微笑着看向大家，我從來沒見他這麼高興過。

「真想把你留下，在狐仙集市上擺個烤栗子的攤位。」斗牛在一旁說。

「我留下的話，會給大家帶來很多麻煩，所以還是回去比較好。」厭火獸說，「這幾天我過得挺開心的，也沒有甚麼遺憾。倒是讓你們擔驚受怕了。」

斗牛笑了：「我還好，就是吻獸一直待在房頂上不敢下來，生怕哪裏會起火。不過，這些天你躲在哪兒了呢？」

厭火獸的目光移到我身上，伸手指着我說：「躲在她身邊啊。」

「小雨？」斗牛有些吃驚。不光是他，怪獸食堂裏的怪獸們都吃驚地看着我。在大家的目光中，我走到厭火獸面前，把暖手爐和銀炭交給他：「既然你要回去了，這兩樣東西還是還給你吧。」

「這些天多虧你的照顧，謝謝。」厭火獸接過暖手爐和銀炭。

「以後還能聽到你的故事嗎？」

厭火獸有點猶豫：「在《獸譜》沒有被封印好之前，也許……」

「還是算了吧。」斗牛打斷他說，「《獸譜》裏的怪獸們，我最怕的就是厭火獸跑出來啊。在《獸譜》封印被修補好之前，你還是乖乖地待在裏面，不要再出來了。」

‖ 故宮小百科 ‖

厭火國：是《山海經・海外南經》中記載的國家，在讙頭國的南面，也有一說是在東面。那裏的人長得像猴子，全身黑色，口能吐火。厭火國的北面，有三株樹生在赤水岸邊，葉子都是珍珠。一說三株樹與柏樹相似，一說像彗星的樣子。

讙頭國：或作讙朱國，是《山海經・海外南經》中記載的國家。那裏的人為半人半鳥的形象，長着鳥翅膀及鳥喙，可以利用鳥喙捕魚吃。

7
乾隆皇帝的夢境

一個漆黑的夜晚，媽媽從倉庫回到辦公室，用鑰匙開鎖的時候，發現大門的玻璃上貼着一張泛黃的紙條。

「誰給我留的紙條？為甚麼不發信息給我呢？」

她一邊這樣想着，一邊把紙條撕下來帶進屋裏。借着屋裏的燈光，她發現那是要求供貨的詳單，上面用很漂亮的毛筆字寫着：「煩請造辦處備各色紙張、彩綢、竹絲、火線、奇花、火炮、巧線、盒子、煙火、火人……於午門外架造鰲山高燈用。」

「午門外要架鰲山燈？我怎麼沒聽說。」她搖搖頭，就把這張奇怪的單據扔進了抽屜裏，繼續忙自己的事情了。

可是，緊接着的第二天、第三天、第四天，每當她回到辦公室，都會在門上發現新的紙條，上面寫的內容基本上和第一天的一樣，只是到了第四天時，多了「加急處置」四個大字。

媽媽板起臉來：「誰在開這麼無聊的玩笑啊？」

第五天，媽媽回到辦公室的小院時，手錶的指針正好指向九點整。她看到一個穿着奇怪的小個子男人，正在偷偷摸摸地往辦公室門上貼紙條。

「喂！你是誰？」媽媽大聲叫道。

小個子男人被她嚇了一跳，看到媽媽後，他鬆了口氣。

「太好了，這裏終於有人了。」小個子男人快步走到我媽媽面前，「我來了好幾天，造辦處都沒有人，我不知道你們看沒看到我留的紙條？」

「是你留的紙條？那張供貨單？」媽媽上下打量着小個子男人。他穿着奇怪的老式夾襖，腦袋後面紮着長長

的辮子，打扮得像一位從清朝穿越過來的工匠。雖然心裏很納悶他為甚麼會這麼穿，但出於禮貌，媽媽沒有問出口。她聽說過，現在很流行復古裝束，經常有人穿着古裝進故宮拍照。

小個子男人駝着背，一臉疲憊：「沒錯，這幾天工匠們一直在午門外等候，卻沒有收到清單上的材料。」

「工匠？午門外？我不知道你在說甚麼。」媽媽狐疑地看着他。

「我想清單上寫得很清楚，除非你不認識字。」男人不客氣地說，「我們奉旨在午門外架造鰲山燈，你們理應給我們提供所需物品。」

「奉旨？誰的旨意？」媽媽更糊塗了。

「當然是皇上的旨意。」

「現在哪裏還有甚麼皇上啊！」媽媽開始懷疑這個男人是不是精神失常。

男人震驚得瞪大了眼睛，他壓低聲音說：「你這是……大不敬！殺頭的罪！這裏是紫禁城，紫禁城裏怎麼會沒有皇上？」

「這裏以前是紫禁城，但現在是博物館。清朝最後一位皇帝早在一百多年前就退位了。」媽媽從衣兜裏掏出手機，準備報警。

「你瘋了！」男人顫抖的手指指向媽媽。

「反正我們倆人裏肯定有一個瘋了。」媽媽低頭撥打報警電話。就在報警電話接通的一剎那，小個子男人不見了。

「有甚麼需要幫助的嗎？」電話裏響起警察的聲音。

「沒……沒有了。」媽媽掛上電話，倒吸了一口冷氣，「撞鬼了！」

「然後呢？」行政科的李阿姨問。

「我走過去看了看，甚麼都沒有。」媽媽回答。

「他真的消失了？」

「真的，沒騙你。」媽媽擦了擦前額上的冷汗，「我真希望你在場。那個男人像被吹滅的火苗一樣，突然不見了，連聲音都沒有。」

李阿姨往後靠了靠：「這幾天你最好天一黑就回家。」

「可是，這個星期正好是我值夜班。」媽媽為難地說。

「那怎麼也要找個人陪你待在這兒。」

我從作業本上抬起頭說：「我可以陪您，媽媽！」因為臨近考試，媽媽已經一個多星期沒有讓我住在故宮裏了。

「你還是乖乖回家複習吧！」

我就知道，媽媽會這麼說。「在這裏我也會認真複習的！我保證，絕對不去找楊永樂和野貓玩。」我信誓旦旦地說，「再說，找其他人陪您的話，牀這麼小也睡不下啊！」

媽媽被我說動了，她沉思了一會兒說：「好吧，看來也只能這樣了。不過你要是再考出上次那樣的成績，以後就別想進故宮了。」

「嗯。」我點點頭。

這我有把握，上次考試是我上小學以來考得最差的一次，主要是因為數學上的失誤。我居然沒發現試卷的背面還有試題，所以我只做了三分之二的題就交了上去。這樣由於粗心導致的錯誤，我絕不會犯兩次。一直到天黑，我都嚴格遵守着我的諾言，認真複習功課，連晚飯都是媽媽從食堂裏帶回來的。晚上八點半左右，媽媽去倉庫巡查。我一個人待在辦公室裏，剛打算偷點懶，門就被敲響了。

我打開門，看到一個小個子男人站在門口，他身穿老式夾襖，稀疏的頭髮被編成辮子拖在身後，一雙眼睛周圍佈滿魚尾紋。我簡直不敢相信自己的雙眼，緊緊閉上眼睛，然後又睜開，發現他還在看着我。這下我知道，他一定是媽媽碰到的那個「鬼」。

「你、你好，你是誰？」我有點害怕，戰戰兢兢地問。

「賤姓何，大號何貴。我是午門外督辦搭建鰲山燈的工頭。我來造辦處，是催促架造鰲山燈所需之物資。」小個子男人有點不耐煩地回答。

「甚麼是鰲山燈？」

何貴的臉陰沉下來：「我想造辦處不會不知道皇上的旨意吧？我們領命必須在正月十五前搭建完成鰲山燈。如果你們一直拖欠物資，完不成皇上的旨意，我們都會掉腦袋。」

「這麼說，鰲山燈是一種花燈？」我猜。

「不，鰲山燈是一座燈山。」何貴努力控制着自己的情緒，「自宋朝起，就有元宵節皇家觀鰲山燈的傳統。但在本朝，搭建鰲山燈還是第一次。我們要搭建十三層高，所以需要很多的材料，造辦處這邊能不能……」

「恐怕，我幫不了你。」我實話實說，「我這裏不是造辦處。」

何貴跳了起來：「甚麼？這怎麼可能？我來過這裏很多次了，絕對不會弄錯！」

「現在這種情況非常奇怪，何貴先生。」我低聲說，「你所說的皇帝和宮廷造辦處早在一百多年前就不存在了……」我的話還沒說完，何貴忽然消失了。上一秒，他還在我面前急得跳腳，下一秒，他就如一股煙般消散了。

「看來，真是碰見鬼了！」一粒汗珠從我的額頭上滑下來。我衝到媽媽的辦公桌前，打開電腦，開始在網上查找關於「鰲山燈」的資料。資料不太多，但我找到了鰲山燈的來歷。

《列子・湯問》裏說，距渤海東面億萬里的地方有一條深不可測的海溝，被稱為「歸墟」。歸墟上漂浮着五座仙山，山上有金色的宮殿和用美玉做成的樓閣，那裏生活着通體潔白的神獸，長着掛滿珍寶的植物。人要是吃了那裏的花朵和果實，就可以長生不老。這五座仙山都是神仙們的居所，他們不停地往返於天地之間。雖然是神仙，但他們也有煩惱。仙山沒有根基，總是隨着水波漂移，沒有一刻可以安穩。神仙們把擔憂告訴了天帝，天帝就命令海神禺疆率領十五隻巨鰲把仙山固定住。巨鰲分三班，每班五隻，分別把五座山背在背上，六萬年更換一班，從此仙山不再漂移。可令人沒想到的是，有一天，龍伯國的巨人跑到仙山來釣魚，居然釣走了六隻巨鰲。這導致兩座仙山漂到北極，沉到了海底。剩下的三座仙山，仍然由九隻巨鰲背負着，在東海矗立不動。從那以後，仙山也被稱作鰲山。宋朝的時候，出於對仙山的崇拜，人們把彩燈堆成仙山的模樣，把最下面做成巨鰲的形狀，這種燈山被稱作「鰲山燈」。那時候的鰲山燈，長五百三十米，寬三百六十步，中間還有十幾層樓高的天鰲柱。搭建這樣一座鰲山燈至少需要幾百名工匠花費兩個月的時間。

「真是個大工程！」

我穿上大衣，出門朝着儲秀宮的方向跑去。看來我要違背和媽媽的約定了，我要去找楊永樂幫忙。我強烈懷疑，媽媽和我碰到那個小個子男人，不是「撞鬼」這麼簡單。

我三步併作兩步闖進失物招領處，楊永樂正在為失物招領處的夜間營業作準備，被我嚇了一跳。「小雨？我還以為是我舅舅。」他驚喜地眨眨眼睛，「有甚麼好事？」

「我需要你的幫助。」我直截了當地說，「幫我好好查查故宮裏是否搭過鰲山燈，從明朝到清朝。你可以查查《皇明通紀》，還有《清宮造辦處活計檔》。」

楊永樂慢吞吞地從椅子上站起來：「你在開玩笑吧？那兩本書都挺厚的。」

「沒開玩笑。」我回答，「這很重要。」

「至少告訴我發生了甚麼事。」

「等你查完後我再告訴你。」我站起身來，「明天晚上我再來找你。」

「你要走了？不玩一會兒？」

「抱歉。」我走向門口，「我很忙。」

「忙甚麼？」

「去看看鰲山燈搭得怎麼樣了。」

我連楊永樂最後的表情都沒看到，就跑出了失物招領處。我一路跑向午門，我清楚地記得何貴說，他們在午門外架鰲山燈。穿過午門的時候，我碰到了警衛劉叔叔。

「怎麼這麼晚了還出去？」他問我。

「您聽說過午門外要搭建鰲山燈嗎？」

「鰲山燈是甚麼？」

「一種壘成山的彩燈。」

「從沒聽過這種事。」他笑着說，「午門外不准搭建任何臨時佈景，那樣會影響客流，需要疏散客流時也會造成危險。」

我走到午門外，這裏一片黑暗。空曠的午門廣場，被籠罩在一片淡淡的薄霧下，連個人影都沒有。奇怪，今天北京並沒有霧霾啊。

我往前走了幾步，沒有甚麼收穫，於是轉頭往回走。就在這時，一個高個子男人抱着一堆彩紙匆匆忙忙從午門跑出來，與我擦肩而過。我迷惑地望着他，那個男人快步跑向午門廣場，然後一頭鑽進霧裏消失了。幾乎同時，白色的薄霧變成了灰色的煙霧，不停翻滾着，聚攏着，似乎馬上就會有甚麼東西從裏面鑽出來。事實上，真有東西露了出來，那是一座燈山的一角，美麗的花球燈閃耀着。但很快，那些花球燈又消失在灰色的煙霧裏。

第二天放學後，我去失物招領處找楊永樂。楊永樂坐在桌前，桌子上放着一個小筆記本和一瓶可樂。

「怎麼樣，我讓你查的東西有收穫嗎？」我着急地問。

「還不錯，我查到不少鰲山燈的資料。」

「快點告訴我。」

「資料比較多，不過我做了個簡單的總結，估計對你來說也夠用了。」他拍了拍筆記本說，「鰲山燈在明朝皇宮裏非常流行。早在永樂七年，明成祖朱棣就下令在乾清宮前豎立七層鰲山，在壽皇殿前搭建『方圓鰲山燈』。永樂十年，他下令在皇宮午門外紮『鰲山萬歲燈』，與百姓一起欣賞。這之後紫禁城裏幾乎每年都會搭鰲山燈。中國國家博物館裏收藏有一幅《明憲宗元宵行樂圖》，上面畫的就是明朝的鰲山燈。」

「清朝呢？」

「清朝的皇帝比明朝皇帝實際得多，他們對這種既費錢又費力的東西不感興趣。所以，清朝以後，紫禁城裏就再也沒有架起過鰲山燈。」

「這不可能！」我清清楚楚地記得，何貴和那個高個子男人穿的都是清朝的服飾，「你會不會漏查了甚麼？」

「我——楊永樂，怎麼可能漏查？」他撇撇嘴說，「我還沒說完。清朝的確有一位皇帝對鰲山燈非常感興趣，那就是乾隆皇帝。《清宮造辦處活計檔》裏有記載，乾隆曾經下旨讓蘇州織造用彩綢紮製鰲山燈景，並讓造辦處準備架造鰲山燈的材料和工匠。但是不知道出了甚麼事，鰲山燈最終沒有真正搭建起來。也許是因為大臣們怕皇宮着火，在最後關頭把皇帝攔住了。明朝的時候，鰲山燈的確引起過火災。」

「彩燈都準備好了，但是卻沒有搭建？」

「沒錯。」楊永樂查看了下筆記，「就差一點。」

「這就對了！」我握緊了拳頭，「這樣一切都能講通了！我的直覺是正確的。」

「現在你能告訴我，發生了甚麼事嗎？」楊永樂把筆記本合上。於是，我從媽媽碰到何貴開始，把整個過程給他講述了一遍。

「我還是不明白⋯⋯怎麼就講得通了呢？」他問。

「你想想，乾隆皇帝一定是非常嚮往鰲山燈，才會不顧費錢、費力而下旨搭建。這中間一定有很多人反對過，但他都扛住了，為的就是重現那個夢一般的仙境。到最後，只差在午門外搭建這一步了，卻因為阻力太大，他只能停手。但是，在準備鰲山燈的這幾個月，他一定不止一次夢到過鰲山燈的樣子。所以，雖然最後沒有搭建完成，但乾隆皇帝的夢並沒有就此停止。他一定幻想過鰲山燈在午門外搭起後的樣子。」

「你的意思是，何貴，還有你看到的鰲山燈一角，都是乾隆皇帝的夢境？」楊永樂一臉不相信的神情。

「我是這樣猜想的。元寶曾經給我們講過平行空間，你還記得嗎？也許乾隆皇帝的鰲山燈在另一個平行空間裏真的被搭建了起來，反射到我們所在的世界裏，就變成了他的夢。」我耐心地解釋，「一定是空間出現了甚麼問題，所以我們闖進了乾隆的夢境裏。」

「空間出現問題？」楊永樂皺起了眉頭，「這不會是《獸譜》封印被破壞的後遺症吧？乾隆年間被收進《獸譜》的怪獸走出《獸譜》，幾百年前乾隆皇帝做的夢出現在我們面前……希望這只是巧合。」

「無論是不是巧合，我們今天晚上都要去驗證一下我的猜測。」我對楊永樂說，「今天晚上九點我們在午門集合，你可別遲到。」

「我一定去！」

晚上八點五十五分，當我走到午門時，楊永樂已經等在那裏了。天越來越冷了，他在寒風中搓着手。

「快點走，我等不及要看鰲山燈了。」他催促着我。

「再等五分鐘。」我回答。

「為甚麼？」

「不為甚麼，我的直覺。」

九點整，我們一起走出午門，腳踩在午門廣場的石磚上，我環視四周。煙灰色的霧氣模糊了廣場上的一切。我拉着楊永樂，大步穿過濃霧。忽然，霧在我們眼前散去。一座十餘層樓房高的燈山出現在我們面前，數不清的工匠們正在它周圍忙碌着。它是如此閃耀，過了一會兒，我的眼睛才適應了這耀眼的光芒。

我從來沒見過這麼多花燈！它們被重重疊疊地壘在一起，竹子劈成的薄片構成了燈山的骨架。「山」上有用彩紙製成的「蒼岩翠柏」，有用竹子搭成的「古寺禪林」，有用絲綢製成的「仙人」「山妖」「鳥獸」「魚龍」……「金龍」在半空中飛舞，嘴裏能吐出「雲霧」;「水」裏的「魚」搖頭擺尾；山頂上，有八位紙紮的「仙人」不知道在為誰祝壽，他們捧着「壽桃」，喝着「美酒」。彩燈可以自己旋轉，像是小巧的動畫片；無數的燈燭冒出的白煙把整座鰲山都罩在薄薄的雲霧裏。有太多我沒見過的彩燈了，我只能叫出其中幾種燈的名字：六角宮燈、六稜瓜燈、花球燈、白象燈、人物燈和竹馬燈。

「這不像是夢……它們看起來和真的一樣，不是嗎？」我忍不住說。

「無論看起來多麼真實，你都不要碰任何東西。」楊永樂在一旁警告我，他看起來比我冷靜得多。

「為甚麼？連摸一下鰲山都不行嗎？」

「我怕你摸了以後，會被捲進乾隆皇帝的夢境裏，我拉都拉不回來。」他繃着臉說。

「不……不會吧？」他的話讓我出了一身冷汗。

「我們該走了。」

這回是他拉着我，頭也不回地朝着午門走去。當我們快走到午門時，濃霧又突然襲來，我轉頭一看，鰲山燈和那些工匠都消失不見了。

「我希望《獸譜》對時空的影響不要太大。」走進午門後，楊永樂一直悶悶不樂。

「放心吧，只要找到文文，一切都會恢復正常的。」我樂觀地說。

故宮小百科

《明憲宗元宵行樂圖》：1966年在江蘇省蘇州市虎丘鄉的新莊出土，現藏於中國國家博物館。作品絹本，設色，描繪了明代慶祝元宵節的盛大場面。畫面巧妙地以庭院紅牆分隔為三段，明憲宗共出現三次，形態各異，或坐或站，觀看各種精彩的演出，如雜耍、戲法等。表演者或吹奏樂器、敲鑼打鼓，或倒立、跳圈，亦有童子燃放煙花爆竹、手拿各式各樣的彩燈，熱鬧非凡。畫面中當然也少不了故事提到的鰲山燈棚，燈棚掛滿漂亮的彩燈，還有八仙在其中，看上去十分喜慶。

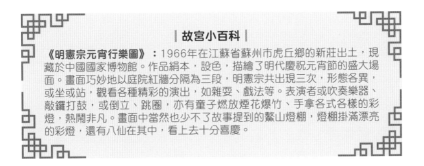

8
書中世界

我站在壽安宮的門口，使勁敲了敲門上的玻璃窗。因為要寫一篇關於角樓的作文，兩天前我就和故宮圖書館的小孫阿姨說好了，今天來圖書館查資料。

小孫阿姨應該是在等我，因為圖書館裏的燈是亮着的，大門也沒有上鎖。我等了一會兒，沒有人來開門，於是，我又敲了幾下。但這次仍沒人應答。

透過白色窗簾的縫隙，我可以看見一排排書架、閱覽用的長條桌、桌子上還冒着熱氣的茶杯、被打開的書……奇怪，難道她去上廁所了？我推開門，探進頭去，大聲呼喊：「喂！裏面有人嗎？」

高大的宮殿裏寂靜無聲。

「喂！」我又喊了一聲，緊張地聽着裏面的反應。

沒有任何聲音。

我走進圖書館，轉了一圈。每排書架之間的過道我都找了，可是都沒有人。不知道為甚麼，空蕩蕩的圖書館讓我有些心神不定。

「小孫阿姨不會出甚麼意外了吧？」我使勁甩甩頭，想把這個想法甩走，「不會的，不會的，她肯定去上廁所了，過一會兒就能回來。」於是，我在桌子旁坐下來等她。她的茶杯和翻看過的書就在我面前，椅子上還殘留着她的體溫。我等了很久，時不時透過窗戶朝外張望，但院子裏一直沒有出現小孫阿姨的身影。

天已經黑透了，窗外星光閃耀。我仍然懷着一線希望，也許小孫阿姨會突然跳出來大叫道：「我在和你玩捉迷藏呢！」但是，圖書館裏一直靜悄悄的。

我不能再等了。我用圖書館的電話撥通小孫阿姨的手機，手機鈴聲在離我不遠的地方清脆地響起。我循聲找去，發現小孫阿姨的書包在櫃子裏，而手機正在裏面響個不停。

不對勁！現在的大人誰能離開手機呢？吃飯的時候看手機，走路的時候看手機，就算是去上廁所也會拿着手機！小孫阿姨居然沒有帶手機，她一定是出事了！

我有點害怕。一切跡象都表明，小孫阿姨應該是在圖書館裏等我的時候，忽然消失的。難道，圖書館裏進來了甚麼奇怪的東西？我提心吊膽地四處查看，希望能找到點線索。這時候，桌子上那本打開的古籍吸引了我的注意，這本書看起來好眼熟啊。

我帶着不太好的預感，看了一眼書的封面——是《獸譜》第五冊！

第五冊？不會是……我快速翻動着書頁，突然我眼前一黑，「呼」的一下，我的身體開始迅速下沉……剩下的事情，我就甚麼都不知道了。

醒來的時候，我感到腦袋針扎似的疼痛，所有的關節都像是快要斷了，而且還有點想吐。我睜開眼睛，發現自己正躺在濃密的草坪上，空氣裏飄着植物的清香味。我費了很大力氣才站了起來。我站在雜草中，周圍是些很粗的松樹和不知名的樹。一些樹的樹幹與綠色的藤蔓纏繞在一起，有些藤蔓的枝條比我的腰還粗。

這是哪兒？我環顧左右，總覺得眼前這些樹林和山坡的景象在哪裏見過。這種熟悉感讓我冷靜了許多。於是我坐到草坪上，開始回想到底在哪裏見過這樣的山林。最後，當我想起來的時候，我被嚇得差點昏過去。

這裏和《獸譜》裏面的景色幾乎一模一樣！

斗牛曾經說過，由於怪獸文文的消失，《獸譜》裏原來文文的那張圖片所在的位置會形成一個窗口。發現那張空白頁的人，將會從這個窗口進入《獸譜》裏的怪獸世界。如果我沒記錯，文文的那頁就在《獸譜》的第五冊裏，現在一切都對上了。小孫阿姨應該是在查看《獸譜》的時候，不小心進入了《獸譜》裏的怪獸世界，就像我剛才那樣。

陽光從天空中傾灑下來，照耀着我面前的樹林。雖然我不知道怎麼走出這裏，但是我知道，我應該先在這個世界找到小孫阿姨。我重新站起來，走向樹林。在現實生活中，我沒有探過險，但我是很多探險節目的忠實粉絲，故宮裏的經歷也給了我足夠的膽量。這讓我能清醒地知道，自己該做點甚麼。

每走一段距離，我就會停下來檢查路面。樹林裏的泥土很濕潤，地面上有一排巨大的腳印和一些小腳印。一路上，不停地有其他的腳印出現，這意味着，這裏生活着不少動物。

《獸譜》第五冊裏有甚麼怪獸和動物呢？我瞇着眼睛想了半天，但除了文文和胖乎乎的狪狪以外，其他的都想不起來了。我爬上一座斜坡，在坡面上我發現了我要找的東西：一串人類的腳印——這是運動鞋留下的腳印，而小孫阿姨平時只穿運動鞋。

太好了！我鬆了口氣。只要沿着這串腳印，我應該很快就能找到小孫阿姨。至於後面的事情，等我們見面後再說吧。我剛剛站起來，又突然蹲下了。因為，在下坡的方向，有一個怪獸正蜷縮着身體，躺在一棵大樹下面。他閉着眼睛，顯然是睡着了。我輕手輕腳地往前走了幾步，在更高處觀察他。

從外表看，他很像豬，打呼嚕的聲音也像。但是他的個頭可比一般的豬大多了，即便蜷成一團，估計他的身體也有兩米長。他身上有深藍色的絨毛，嘴裏長着長長的獠牙，紅舌頭吐在嘴巴外面。有幾隻蒼蠅正在他肥大的身體上爬來爬去。可能是太癢了，那個怪獸的肚皮顫動了幾下，蒼蠅嚇得馬上飛走了。他的呼吸粗重、緩慢，他看起來睡得很甜。

我努力回憶着《獸譜》裏的怪獸，想了好半天，才想起來好像有個叫當康的怪獸和眼前的怪獸長得挺像。如果我沒記錯，當康長得雖然不怎麼好看，卻是個瑞獸。傳說在豐收年裏，這個怪獸會一邊叫着自己的名字，一邊跳着舞出現在農田裏。

我鬆了口氣，只要是瑞獸，就不會有甚麼危險。

我站起來接着往前走，這時候我聽到身後的灌木叢裏有甚麼東西正朝我的方向靠近。我能聽到他的鼻子正「呼哧、呼哧」地聞着甚麼。我轉過身，心裏怦怦直跳。然後，灌木叢分開，那傢伙邁着四條短腿走到了我面前。

他長得也像頭豬，身上覆蓋着如烈火般耀眼的紅色皮毛。他沒長獠牙，看着不怎麼危險。但是他那對黑溜溜的小眼睛卻十分不友好地盯着我看。他不客氣地用鼻子碰了碰我的褲子，發出一連串十分古怪的聲音。我能聽懂他正在罵我，滿口髒字。這讓我想起了一種怪獸，叫山膏，據說他喜歡罵人。遠古時期，帝嚳出遊，曾經在山林裏遇上了山膏，誰知道山膏張口就罵他。帝嚳被罵急了，就派出盤瓠把山膏咬死了。

現在我身邊沒有盤瓠，只能任由山膏罵。我轉身跑下斜坡，經過當康時，他連醒都沒有醒。

山膏沒有追過來，以他那種體形，罵罵人可以，想追人就不太容易了。我小心地撥開灌木叢，回到那條小路上。運動鞋的腳印在濕潤的泥土裏清晰可見，我順着腳印往前走。前面是一片平整的草地，到處都有花兒開放，紅色的、黃色的，還有天藍色的，我快速地穿過花叢。就在這時，一個又胖又高大的傢伙從我身邊慢悠悠地走過去。這是一頭長着兩個頭的豬，頭尾各長着一個豬頭。他全身黑得發亮，一大羣蒼蠅圍着他飛來飛去。

看到他時，我已經開始懷疑自己闖進的不是《獸譜》而是《豬譜》了。為甚麼我在這裏看到的所有怪獸都長得像豬呢？

雖然他看起來沒有甚麼威脅，我還是跑得離他遠了點。那頭雙頭豬除了朝我的方向瞄了一眼外，腳步都沒有停下，也沒有任何格外留意我的跡象。

又走了一會兒，我停下來休息，草地上的腳印越來越難找，我要想想下一步該怎麼辦。叢林已經被我甩在了身後，包圍着我的是草地和大大小小的灌木叢。在這個完全陌生的荒野，小孫阿姨能去哪兒呢？

這時，從一片灌木叢的後面傳來一陣叫聲。那聲音有點模糊，但我仍能分辨出那是狗叫聲。我繞過灌木叢，發現不遠處居然有一圈簡易的木柵欄。木柵欄門口站着一頭身上有黑色斑點的豬——沒錯，又是豬——正在學狗叫。而小孫阿姨正在柵欄裏面邊幹活邊哼着歌。當我走近的時候，她正在把削尖的木棍釘進土裏，以便讓柵欄更牢固一些。

「小孫阿姨！」我衝過去，卻被那頭斑點豬攔在了門口。他一邊像狗一樣「汪汪」叫着，一邊擋在我面前不讓我進去。

「別這樣，狸力，這是我的朋友。」小孫阿姨大聲對那

頭豬說，豬立刻搖着小尾巴讓開了路。

「太好了，你沒事！」我撲到她懷裏。

「小雨，你也被吸進《獸譜》裏了？」小孫阿姨皺起了眉頭，「這可糟糕了，你媽媽找不到你會着急的。我已經在這裏待了幾個月了，也沒找到出去的路。」

「幾個月？」我大吃一驚，「可是你應該只比我早進來十幾分鐘而已。」

「只有十幾分鐘嗎？」小孫阿姨思考了一會兒才說，「如果真是這樣，那只有一種解釋——書中世界的時間和現實世界的時間不太一樣。現實世界中的幾分鐘，就已經相當於《獸譜》裏的幾個月了。」

「啊！」我驚叫出聲，「這樣的話，不是意味着我很快就要長大了嗎？」

「嗯，我也很快就會變老了。」小孫阿姨說，「古話說，『天上一日，地上一年』，沒想到在這裏實現了。」

「這麼長的時間，你是怎麼活下來的？」我問。

「說真的，日子不太好過，特別是在我還沒有修建這些柵欄時。那些豬總是在我睡着的時候偷吃我找到的野果。你看到并封了嗎？就是長得像雙頭豬的那個怪獸。那傢伙最貪吃了，一次能偷吃我一個星期的糧食。不過現在，有了狸力幫我守門，又有了這些柵欄，日子好多了。」她笑了笑，指着地上用石頭和藤蔓綁成的錘子和打磨得很鋒利的石頭片，「看，我學會了製作工具，這樣無論是做柵欄，還是採野果都方便多了。」

「這裏只有野果可以吃嗎？」我問。

「那邊的溪水裏也有魚。不過你怎麼能指望《獸譜》裏有甚麼長相正常的魚呢？所以，我一直不敢吃那些魚。」小孫阿姨臉上流露出調皮的笑意，她遞給我一顆紅色的野果，「這個很好吃，味道像李子。」

我咬了一口果子，汁水很多，也很甜。小孫阿姨繼續幹手裏的活兒，尖木棍在沉重的石錘打擊下迅速地被釘進土裏。

「我們怎麼才能回到現實世界呢？」我擔憂地問。

「抱歉，我還沒找到方法。」她歎了口氣，「這幾個月，我花了很長時間，走了很多路，但是仍然沒找到《獸譜》的出口。」

「你試過沿着原路回去嗎？」

「試過很多次，但是不行。那地方沒有任何洞口或光圈。無論繞多少遍，也只是在原地打轉。」她回答，「書裏的世界比我想像的大。不過，現在你來了，兩個人的力量總比一個人的強，我們一定能找到出去的路！」

「是的，」我喃喃地說，「如果那些怪獸能從《獸譜》

裏跑出去，那我們一定也能行。」

小孫阿姨迷惑地抬起頭：「你說甚麼？我沒聽清。」

「沒、沒甚麼。」我趕緊解釋，「我只是說，我們一定能出去的。」

「當然！」她笑了，「我也這麼想。」

我和小孫阿姨暫時在這片草地安頓下來。這裏的天空總是呈現耀眼的白色，分不出白天和黑夜。但是，小孫阿姨已經摸清楚了野果生長的規律，總能在那些豬一樣的怪獸發現它們之前，就把剛剛熟透的野果摘下來。每天，我還會爬到不同的樹上，從高處尋找出口的痕跡。在白茫茫的天空下，這並不是甚麼容易的事情。

直到有一天，我剛爬到一個巨大的樹杈上，就感覺到有甚麼東西突然抓住了我。我抱住樹杈想穩住身體，卻根本沒用。一隻無形的大手死死抓住我。一瞬間，我就懸在了半空，四肢亂動。我被扯得無法透氣，連尖叫也發不出。一股力量拖拽着我往上升，直到我用完了自己所有的力氣，一陣恐懼襲來，我昏了過去。

我醒過來的時候，發現自己正躺在一個燈光柔和的地方，身體下面的牀板很硬。漸漸地，我的頭腦清醒過來，發現我躺在圖書館的長條桌上，小孫阿姨就躺在我身邊，顯然她也是剛剛醒過來。楊永樂欠着身子，在桌子旁邊看着我們。

「你們感覺怎麼樣？」他問。

「還好。」我揉了揉眼睛說。

小孫阿姨坐了起來，吃驚地看着楊永樂：「是你把我們拽出來的？」

「拽出來？」楊永樂無辜地說，「我不知道您在說甚麼，小孫阿姨。我來圖書館找李小雨，發現你們兩個都躺在桌子上睡着了。」

「是這樣啊……」小孫阿姨看了看我，「好吧，你們趕緊回去吧，我也要回家了。」她急匆匆地跳下桌子。看到桌上那本《獸譜》時，她的腿忽地一軟。要不是楊永樂扶了她一把，她就摔倒了。

「對了，我要先把它收起來。」她戴上手套，像拿起一顆隨時會爆炸的炸彈一樣拿起《獸譜》，迅速把它放到推車上，朝着書架走去。等她推着空車回來時，臉上有了如釋重負的神色。

我們一起離開壽安宮，在門口道別。小孫阿姨朝神武門走去，楊永樂陪着我回到西三所。小孫阿姨一走，我就迫不及待地問楊永樂：「到底是誰把我們從《獸譜》裏救出來的？」

「是龍。」

楊永樂的回答讓我大吃一驚。

「你說是龍親自動手把我們拽出來的？」

「是啊。如果是別的怪獸，很難不被小孫阿姨看見他們的原形。」楊永樂說，「但龍可不一樣，他的爪子只是稍稍往書裏一抓，你們兩個就都被抓出來了。我還是第一次看到龍的本事，以前我總以為，他就知道偷懶和吃喝玩樂呢。這次才知道，他不愧為神獸之王。」

「真沒想到啊。」我深吸了一口氣。但是說實話，現實世界中的空氣質量，比書中那個荒野世界的差遠了。

故宮小百科

故事中出現了不少長得像豬的怪獸，原來牠們都有被記載在《山海經》中，你分得清楚誰是誰嗎？

當康：《山海經．東山經》中記載的怪獸，棲息在欽山，長得像有獠牙的豬，叫聲像自己名字的發音，是預兆豐收的瑞獸。

山膏：《山海經．中山經》中記載的怪獸，棲息在苦山，長得像豬，紅如丹火，好罵人。

狸力：《山海經．南山經》中記載的怪獸，棲息在柜山，形狀像豬，但有像雞爪的爪子，叫聲像狗吠。在哪裏見到牠，哪個縣就會大興土木。

并封：《山海經．海外西經》中記載的怪獸，棲息在巫咸東，形狀像豬，但前後都有頭，身體是黑色的。

9
梅花工廠

剛剛放寒假的時候，北京難得下了一場大雪。故宮裏擠滿了攝影的人，他們「咯吱、咯吱」地踩着厚雪跑進紅色的宮殿羣中，直到閉館的時候才離開。

在這樣的雪天，我是不喜歡晚上出門的。風冷，路又滑，還是靠在暖氣片旁邊賞雪最舒服。但是，楊永樂非要拉着我去狐仙集市。

漫天飛雪裏，集市上朦朧的燈光隱約顯現。賣食物的攤位上瀰漫着熱氣，裏面傳來一陣陣歡笑聲……我一下子就喜歡上了大雪中的狐仙集市。

夾帶着雪花的風颳來，四下裏立刻充溢着清甜的花香。啊，這是甚麼花的香味呢？在這樣寒冷的雪天，怎麼還會有鮮花開放？是暖棚裏種植出來的鮮花嗎？我一邊想，一邊跟着楊永樂走進集市。

哎呀，那是甚麼？我一眼就看見了那一大捧開滿嫩黃色臘梅花的花枝。它們被擺在攤位非常明顯的位置，一羣老鼠正大聲地吆喝着：「踏雪尋梅，踏雪尋梅，最好的臘梅啊，永遠不會凋謝的臘梅花啊……」

楊永樂也覺得奇怪：「還沒到臘梅開放的時候，哪裏來的這麼多臘梅花呢？」

我們走到老鼠的攤位前。雪夜中，黃色的臘梅花鮮艷得晃眼，散發出好聞的味道。

「買枝臘梅嗎？回去插在花瓶裏，最配雪景了。」老鼠熱情地推銷着。

「你們是乾隆花園裏的老鼠家族吧？」楊永樂問，「這種天氣，哪裏來的臘梅花啊？」

「哎呀呀，這可是我們用特殊方法精心培育的啊。」老鼠捂住嘴笑了，「能在這樣的季節，看到這麼好的臘梅花，除了我們這裏，全世界恐怕都找不到。所以，不要錯過，趕緊買一枝吧！」

「多少錢一枝呢？」我心動了。

「價錢嘛，五十元一枝。」

「這麼貴？」我吃了一驚，狐仙集市上很少有這麼高的價格。

「因為稀少啊！」老鼠大聲說，「你可不知道，為了這些臘梅，我們費了多大的力氣。這個價錢已經很便宜了！」

楊永樂搖搖頭：「臘梅枝泡在水裏，最多幾天，花就凋謝了。五十元一枝太貴了。」

「我家的臘梅啊，只要花瓶裏有水，就會永遠開花。」老鼠得意地說，「就算開到春天也沒問題。」

「別吹牛了，哪有不凋謝的花？除非你賣的是假花。」

「假的？你聞聞這清香，看看這濕漉漉的花瓣，怎麼可能是假的？」老鼠仰着頭說，「我說不凋謝就是不凋謝。要是我吹牛，你來找我，我退你錢！」

「真的？」

「我們乾隆花園的老鼠家族可是很講信用的。」

「好吧，那我就買一枝。」

我掏出衣兜裏所有的錢，買了一枝臘梅枝條。細細的枝條上開滿了黃色的臘梅花，香氣撲鼻。我舉着它走在雪地裏。真好啊，在雪天能買到這麼好的臘梅，聞到這樣迷人的香氣，我的心情好極了。

可能是由於臘梅實在太好看了，我們在市場上轉了一圈，回來的時候，發現老鼠攤位上的臘梅枝已經被賣光了。幾隻老鼠滿足地數着手裏厚厚的一疊鈔票，面前還擺滿了各種用來交換臘梅的食物。他們今天的收穫可真不少。

此後，每隔幾天，乾隆花園的老鼠們就會出現在狐仙集市上，面前擺着香氣四溢的臘梅花。而我帶回媽媽辦公室的臘梅，真如他們說的那樣，無論白天還是晚上，都一直盛開着，一朵花都沒有凋謝。

連媽媽都覺得神奇：「小雨是從哪裏買來的臘梅花啊？居然一直開花呢。」

「可能是我養得好吧。」我只能這樣含含糊糊地回答。

但是，我心裏一直很好奇，為甚麼臘梅可以一直開花呢？老鼠們到底用了甚麼方法才培育出這樣神奇的臘梅啊？

於是，在一個月色很好的夜晚，我偷偷溜進了乾隆花園。我穿過貞順門，經過倦勤齋，繞過符望閣，卻沒找到一隻老鼠。

符望閣前面是用太湖石堆砌的假山。太湖石的影子映在花園裏，奇形怪狀的，有點嚇人。就在我猶豫着是不是應該離開時，卻聽到假山的山頂上響起了奇怪的聲音。

「啪嗒、啪嗒」，就像是很多樹葉落在石頭上的聲音。仔細聽，又覺得好像是甚麼小動物的腳步聲。我忍不住沿着台階朝山上爬去，好不容易爬到了山頂，可是甚麼東西

都沒有發現。

今天不是滿月，月光卻出奇地明亮。光亮照在山頂和旁邊的碧螺亭上，我一下子呆住了：就在碧螺亭梅花形狀的屋頂上，一羣黑乎乎的小影子正在忙碌着。

我往前走了幾步，借着月光仔細瞧。啊！那不正是乾隆花園的老鼠們嗎？他們爬上那麼高的亭子幹甚麼？

碧螺亭是座梅花形狀的小亭子。清朝的很多皇帝都喜歡梅花，乾隆皇帝也是。於是，在建造這座花園的時候，他特意在這座假山的主峯上修建了梅花形狀的碧螺亭。碧螺亭以五瓣梅花的形狀為頂，上面覆蓋着翡翠綠和孔雀藍的琉璃瓦。亭子上所有的圖案都是梅花：雕刻着梅花圖案的白石欄板，梅花紋的倒掛楣子，整片梅花圖案的天花板……就連碧螺亭頂端、水滴形狀的寶頂上面都是臘梅花的圖案。此刻，老鼠們正圍着寶頂，靜悄悄的，一聲不吭。

月光照在孔雀藍色的寶頂上，神祕而明亮。那上面的臘梅花都是琉璃瓦工匠燒製出來的工藝品，黃色的圖案在月光下顯得格外鮮艷、耀眼。一陣冷風吹過，忽然，臘梅花好像都被月光點亮了一樣，「嚓」地發出耀眼的光，如同黃昏時故宮裏的路燈一朵接一朵地亮了起來。

我彷彿走進了幻境，大氣也不敢喘，只顧出神地望着那一朵朵亮起來的臘梅花。就在這時，更令我吃驚的事情發生了。乾隆花園的老鼠們「嘩啦啦」地圍了上去，其中領頭的那隻老鼠伸出手去摘臘梅。於是，一枝被月光點亮的臘梅就真的被他抓住，「咔」的一聲摘了下來，嫩黃色的花瓣上還閃耀着月光。

我吃驚得差點叫出聲，幸虧及時捂住了嘴。

怪不得老鼠們賣的臘梅花不會凋謝，原來它們是碧螺亭寶頂上的臘梅花紋啊！

沒想到，真沒想到……

我不知道自己是怎麼回到媽媽的辦公室的。清醒過來的時候，我發現自己正坐在桌子前，桌上放着我買來的臘梅花。這麼珍貴的臘梅花，從漂亮的碧螺亭上折下來，我怎麼能要呢？如果有一天，老鼠們把臘梅都折光了，失去了臘梅花紋的碧螺亭，還是碧螺亭嗎？

我甩了甩頭，不行！我要把臘梅花紋還回去。碧螺亭是故宮裏最美的亭子之一，要是沒有了臘梅花紋，不就等於被毀了嗎？這羣老鼠為了賺錢，真是甚麼事情都幹得出來啊！

可是，光我還回去還不行，所有在狐仙集市上買了臘梅花的動物、神仙和怪獸都要還回去才行啊！這可是個大工程，看來我要找人幫忙了。

我一口氣跑到儲秀宮，衝進失物招領處。楊永樂已經

上牀睡覺了，被我硬生生地從被窩裏拽了出來。

「着火了還是地震了？」

被我叫醒後，楊永樂披上羽絨服就要往外衝。

「別跑，你沒有生命危險。」我拉住他，「我知道那些臘梅是怎麼來的了？」

「就這件事？」楊永樂一屁股坐到牀上。

「這可不是小事！」

我詳細地把老鼠們和碧螺亭的事情說了一遍。

「這幫老鼠，膽子真大！」楊永樂生氣地說，「誰幹的壞事誰負責！既然是他們把碧螺亭的臘梅給賣了，當然是他們自己去找回來。老鼠的數量多，只要他們想，就一定能把所有臘梅都找到。」

「有道理，我現在就去找他們的族長！」

「我陪你去。」

碧螺亭上的老鼠們已經不見了。不用數我也能看得出，寶頂上的臘梅花圖案少了很多。

楊永樂知道乾隆花園老鼠窩的位置，就帶着我一路找過去。我們才走到了半路，就看到一羣老鼠排成一排，整齊地朝前走着。每隻老鼠的懷裏都抱着一枝開滿花的臘梅花枝。

「喂！等等！」

我跑過去，一下子攔在隊伍的前面。可能沒想到會有人突然出現，也可能是因為他們做賊心虛，老鼠們被嚇得團團轉，有好幾隻老鼠因為慌亂撞到了一起，倒在了地上。

「哎喲，這是誰啊？」為首的那隻老鼠叉着腰問。

我仔細一看，這不就是賣給我臘梅的那隻老鼠嗎？

「我是李小雨，你們的族長是誰？」我大聲問。

「老族長年紀大了，你有甚麼事和我說就行！」老鼠不客氣地說。

「你們必須把這些臘梅還回碧螺亭！」

「碧螺亭……原來你知道了我們的祕密。」老鼠先是微微一驚，繼而眼睛裏流露出一絲不屑的神情，「沒錯，這些臘梅就是我們從碧螺亭摘下來的。在老鼠的世界裏，誰先發現的東西就是誰的！」

「你們這是偷！」

「偷？」老鼠得意地笑了，「你們人類不總是說，老鼠是天生的小偷嗎？所以，偷東西對我們來說是再正常不過的事。」

「我不管你們怎麼想，碧螺亭的臘梅你們必須還回去。不光是今天摘下來的這些，前幾天你們賣掉的臘梅，也都要找回來。」

「我們就不還回去，你能拿我們怎麼樣？」老鼠嚷嚷着說，「我們才不怕人類呢！你難道不知道，我們老鼠家族是受怪獸們保護的嗎？連貓都不敢吃我們。哈哈，故宮裏我們誰也不怕！」

看着老鼠一副耍無賴的樣子，我都要氣炸了！我還從來沒見過這麼不講理的老鼠！

「打擾一下，我能不能說兩句？」是楊永樂的聲音。

我扭頭一看。他正站在院門前面，笑瞇瞇地看着我們。這傢伙，不來幫我的忙，站那麼遠幹甚麼？

「小偷老鼠，你剛才說甚麼來着？老鼠家族是受怪獸們保護的，對嗎？」

「這是故宮裏所有人都知道的事情，你難道不知道嗎？」老鼠的下巴抬得老高，鼻尖都快朝天了。

楊永樂假裝不明白地問：「你的意思是，無論你們做了甚麼，怪獸們都會保護你們？」

「那是當然！」

「你說的怪獸包括不包括他呢？」

說着，楊永樂打開了身後的院門，一對巨大的牛角先伸了進來，緊接着斗牛邁着牛蹄，拖着龍尾走進了院子。

「斗牛大人？」

所有的老鼠都驚聲尖叫起來。他們嚇得扔掉了手裏的臘梅花枝，齊刷刷地跪在地上求饒。

「斗牛大人饒命，斗牛大人饒命啊！」

斗牛嚴肅地看着為首的老鼠：「真沒想到啊，做了壞事，你們居然還敢拿我們怪獸作擋箭牌！」

為首的老鼠渾身顫抖着說：「斗、斗牛大人，我們這就把臘梅花還回碧螺亭！立刻、馬上！」

「只還這些可不行，你們要把所有賣出去的碧螺亭臘梅都找回來。」斗牛說，「後天是滿月，碧螺亭寶頂上的臘梅花要全部回歸原位。」

「能不能再寬限些時間呢？」老鼠為難地說。

斗牛沒有說話，繃着臉轉身離開了。

為首的老鼠抖着腿站起來，對身後的老鼠們說：「快去找吧！無論用甚麼方法，後天晚上以前，要把那些臘梅都找回來！做不到的話，我們只能成為野貓們的晚餐了。」

老鼠們嚇得跳了起來，胡亂跑成一團，一隻隻飛快地躥出了院子。

「這下不用擔心了。」楊永樂陪着我回到西三所。

「我還是第一次看到斗牛這麼威風。」我感歎道。

「我一看陣勢就知道，你搞不定那些老鼠的，所以偷偷去找來了斗牛。」

「多虧你這麼做。」

時間飛快地過去了，到了滿月的那天，我和楊永樂來到了碧螺亭。

圓圓的月亮正好懸掛在碧螺亭的上方。碧螺亭梅花形狀的屋頂上站滿了灰色的小老鼠，他們排成「之」字形，正把一枝又一枝的臘梅花往屋頂上運。

「摘下來容易，但是放回去可就不容易了。老鼠們怎麼知道那些花原來的位置呢？」我有點替他們發愁。

「不用擔心，上面是有痕跡的。他們只要對準痕跡放回去就可以了。」楊永樂說。

果然，老鼠們小心地撫摸着那些影子般的痕跡，再將合適的花枝一點點放回原位。臘梅花回到寶頂上會「嚓」地放出耀眼的光亮，然後就和寶頂融為一體，成為上面的花紋。如果老鼠們放錯了位置，那無論他們怎麼做，臘梅花都不會有變化，依然會是鮮活的花枝。

這真是一件費時間又費力氣的活兒，老鼠的數量雖然

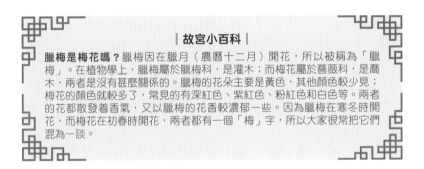

多，但是也幹了整整一夜。直到月亮消失前的最後一刻，他們才把最後一枝臘梅復歸原位。

所有老鼠都大口、大口地喘着粗氣，癱倒在碧螺亭上，站都站不起來。聽說，這些老鼠一口氣睡到了天亮，直到被遊客的聲音吵醒，才灰溜溜地跑回老鼠洞去了。

故宮小百科

臘梅是梅花嗎？臘梅因在臘月（農曆十二月）開花，所以被稱為「臘梅」。在植物學上，臘梅屬於臘梅科，是灌木；而梅花屬於薔薇科，是喬木，兩者是沒有甚麼關係的。臘梅的花朵主要是黃色，其他顏色較少見；梅花的顏色就較多了，常見的有深紅色、紫紅色、粉紅色和白色等。兩者的花都散發着香氣，又以臘梅的花香較濃郁一些。因為臘梅在寒冬時開花，而梅花在初春時開花，兩者都有一個「梅」字，所以大家很常把它們混為一談。

10
癩蛤蟆的肚皮

自從圖書館的小孫阿姨誤入《獸譜》中的怪獸世界後，故宮裏所有怪獸都沉浸在恐慌中。

龍認為，這嚴重打破了人類和怪獸世界的界限。為了不讓這樣重大的失誤再次發生，必須迅速找到怪獸文文，用他的卵重新封印《獸譜》。

但這並不是着急就能辦到的事情。畢竟距離我不小心破壞封印已經幾個月了，雖然發動了故宮裏所有的神仙、怪獸和動物，但是仍然沒有找到文文的一絲蹤跡。

文文到底躲到哪兒去了？這仍然是個謎。

找了文文一個晚上，我和楊永樂都累了。我們無精打采地走在回西三所的路上，突然，我的腳踩到了一個軟乎乎的東西。

「這是甚麼？」我挪開腳，把腳下的東西撿起來。

「像是個錢包，很古老的樣式。」楊永樂湊過來說，「在古代，它應該叫甚麼來着？叫、叫……」

「荷包？」

他拍了一下手，說：「沒錯，就是荷包。」

這是一個綠色的大荷包，被縫成一隻癩蛤蟆的樣子，有圓鼓鼓的「眼睛」「腿」和「腳蹼」……打開「癩蛤蟆」的「嘴巴」，就打開了荷包。荷包裏空蕩蕩的，一分錢都沒有。

「誰把它丟在這兒了呢？這不會是故宮裏的藏品吧？」我擔心地問。

「你這麼一說，我想起來了。宋朝的人好像特別喜歡隨身帶這種癩蛤蟆形狀的荷包。甚至有一種說法，荷包的名字也和癩蛤蟆有關。荷包最初叫蛤包，『蛤』就是癩蛤蟆的意思。後來為了好聽改叫諧音荷包。」楊永樂說，「所以，這個荷包很可能是宋代的古董，說不定是在被送去展出的路上，被哪個粗心的管理員給弄丟了。」

「啊呀呀，那個管理員肯定急死了。」我捧着荷包說，「我先拿回去交給我媽媽，讓她想辦法還回去吧。」

楊水檗也覺得這是個好主意。

我把荷包拿回媽媽的辦公室，放在桌子上最明顯的位置後，就上牀睡覺了。等媽媽加班回來，她一定會注意到這個荷包。而憑我媽媽對故宮藏品的了解，她也一定知道它是不是一件古老的文物。

我剛迷迷糊糊地睡着，就被一陣奇怪的動靜吵醒了。那是一陣「呼呼」的吹氣聲，就像是有誰在我耳邊吹氣球。

我睜開眼睛，尋找聲音的來源，結果發現自己的牀邊有甚麼東西真的像氣球一樣，一圈圈地鼓起來，越脹越大。

我嚇得徹底清醒了，立刻蜷縮到牆角，把被子抱在胸前。短短的時間裏，那傢伙的身體已經充滿了房間，腦袋都碰到房頂了。等我冷靜下來，才發現他很眼熟——這不就是隻大癩蛤蟆嗎？

「你、你要幹甚麼？」我大聲問。

大癩蛤蟆沒說話，他鼓鼓的眼睛使勁盯着我看。忽然，他張開大嘴，一條長長的舌頭彈了出來，輕輕一捲，就把我捲起來吞進了他的嘴裏。

這一切都發生在一瞬間。我連尖叫都來不及，腦海裏只浮現出一個想法：我完了！

就算平時想像力再大，我也怎麼都想不到，自己短短的一生會葬送在一隻癩蛤蟆的嘴裏。奇怪的是，在整個

過程中，我都沒有失去知覺。我感覺自己在順着一個潮濕的、黏糊糊的通道一直往下落，最後落在了一個很柔軟的地方。我甚至沒有感覺到疼。我想起《木偶奇遇記》裏匹諾曹被鯨魚吞進肚子的情節，心中燃起了一絲希望。也許，我也能像匹諾曹那樣，在癩蛤蟆的肚子裏活一陣子，然後再想辦法出去。但當我睜開眼睛後卻發現，眼前的一切和想像中的有點不一樣。

我不像是在誰的肚皮裏，反而更像是在一片山間的峽谷。我腳下的草叢裏開滿了野花，不遠處是一片樹林，隱隱可以聽到樹林另一端的水聲。

「喂！你好。」有誰在和我打招呼，那聲音聽上去就像是一個摔壞了的喇叭發出來的。

我被嚇得渾身一抖，真是太可怕了，誰會在癩蛤蟆的肚子裏和我說話？

我低下頭，發現自己腳邊正蹲着一隻小癩蛤蟆。

癩蛤蟆的肚子裏還有癩蛤蟆？我的腦袋有點暈。

「這是哪裏？」我問。

「你先別問這個。」小癩蛤蟆不客氣地說，「我們聽說你在找一個怪獸？」

「是啊，你怎麼知道？」

「他是不是長得有點像貓，腰特別細，尾巴像兩根長刺一樣？」

「沒錯！文文就是這個樣子！」我瞪大眼睛問，「你知道他在哪兒？」

「嗯，跟我來吧。」小癩蛤蟆爽快地說。

說完，他就蹦蹦跳跳地在我前面引路。我緊緊跟在他的身後。小癩蛤蟆沿着小路跳了一會兒，到了一個十字路口。「這邊！」他一邊說一邊往右邊跳去。

沿着窄窄的山道一直往下走，我聽到了流水聲，很快眼前就出現了一片藍色的湖泊和碧綠的沼澤地。

「文文是怎麼找到這個地方的呢？」我一邊走，嘴裏一邊嘟囔。

「他說啊，是被我們的鼓聲吸引來的。」小癩蛤蟆在前面搭話，「突然有一天，他就出現在我們這裏了。一開始，大家還以為他是誤闖進來的野貓呢，差點和他打上一架，結果發現他是有法力的怪獸啊！我們這麼偏僻的地方出現了一個怪獸，還是從沒有過的事情。大家都覺得要好好招待他。他是脾氣非常好的怪獸，對誰都很和善，還幫我們解決了不少問題。我們就想着，把他留在這裏也不錯啊……」

「然後呢？」

「然後，我們就開始教他跳儺舞了。在我們這裏生活，

不會跳儺舞可不行　　　」

「儺舞是甚麼？」我好奇地問。

「你居然不知道儺舞？」小癩蛤蟆停下來，仔細地打量着我，「看起來這麼聰明的女孩子，怎麼可能不知道儺舞呢？」那樣子，好像不知道儺舞就和不會吃飯差不多。

我的臉紅了，小聲問：「到底甚麼是儺舞呢？」

「一種非常重要的舞蹈。」小癩蛤蟆帶着一臉無奈的表情解釋，「在我們這裏，一生下來就要先學會跳儺舞。它可以幫我們驅趕疾病和壞運氣，讓我們的村子風調雨順，沒有災難。要是沒有儺舞啊，我們都不知道該怎麼生存下去。你們那裏沒有儺舞嗎？」

「沒有。」我搖了搖頭。

「要是有人生病了怎麼辦呢？」

「去找醫生治療啊。」我回答。

「醫生？哦，估計是巫師吧。」

「醫生和巫師是兩回事。醫生是依靠科學知識來治療疾病的。我們生病的話，會驗血、吃藥，嚴重的話還要……」

「聽起來真麻煩啊！還是跳儺舞好。」小癩蛤蟆心不在焉地說。

我懶得和他爭辯了，這真是隻固執的癩蛤蟆。

「那文文也學會跳儺舞了嗎？」我接着問。

「問題就出在這裏！」小癩蛤蟆重重地歎了口氣說，「那個怪獸好像也是來自一個完全沒有儺舞的世界。一開始，他學起來很費力氣。大家都想着過一陣子就好了。誰一開始學習的時候就能跳好儺舞呢？我們教了他很久，沒日沒夜地教。但是無論怎麼教，這個四腳怪獸就是跳不對舞步。儺舞的舞步是一步都不能跳錯的，但是他卻沒有一步能跳到鼓點上。我活了這麼久，還從來沒遇到過這麼笨的傢伙呢。」

「哦，也許文文生來就不善於跳舞吧。這很正常，每個人擅長的東西都不一樣。你們癩蛤蟆也許屬於比較適合跳儺舞的種族。不會跳儺舞，也不是甚麼嚴重的事情……」

「你錯了。在我們這裏，不會跳懶舞是很嚴重的事情。」癩蛤蟆皺着眉頭說，「更大的問題是，怪獸錯誤的舞步還教壞了我們的孩子。」

「怎麼會這樣？」

「孩子們覺得他的舞步好玩，就跟着一起學。」小癩蛤蟆嚴肅地說，「這樣，我們就不得不請他離開了。否則，一切都要亂套了。我們自知是沒有能力讓一個怪獸離開的，所以才把你請來。有在御花園生活的朋友告訴我，你正在找這個怪獸。」

「沒錯，我們找他很久了。你在御花園的朋友也是癩蛤蟆嗎？」

「不，是一隻青蛙。」小癩蛤蟆說，「我希望你今天就把怪獸帶走。」

「我會盡力的。」我只能這樣說。說實話，我也沒甚麼把握，不知道文文會不會跟我走。

「這邊！」

癩蛤蟆在一片竹林邊拐了個彎。那裏有條很清澈的小溪，一直流到湖裏。湖水邊，有許多用細樹枝和泥土搭建起來的小窩，每個小窩都還沒有我的膝蓋高。一個個小窩整齊地排成一排，窗戶裏面傳出癩蛤蟆們的笑聲和叫聲。小窩旁邊的一塊空地上，文文趴在那裏睡得正香。

就在我們快要走進村子的時候，突然傳來了「嘭、嘭、嘭」敲鼓的聲音。

「哎喲！我差點忘記跳儺舞的時間了！」

小癩蛤蟆扔下我，以驚人的速度跳進了村子。鼓聲越來越大，癩蛤蟆們紛紛從自己的小窩裏跳了出來。他們有的戴着奇怪的面具，有的戴着竹斗笠，有的戴着白布做的牛頭，有的戴着插着花的高帽子……他們手裏拿着掃把、扇子、扁擔、水瓢、響板等物品，一邊和着鼓點敲打，一邊跳着整齊的舞步。他們一會兒跳舞，一會兒做出正在打仗的樣子，一會兒又擺出拜神的姿勢……不過，無論怎麼跳，每隻癩蛤蟆的舞步都精準地踏在鼓點上。

就在這時，文文被吵醒了。他一聽到鼓聲，就手舞足蹈地加入了癩蛤蟆的隊伍中。他這一加入不要緊，整支跳舞的隊伍都亂了。癩蛤蟆紛紛停了下來，不高興地看着文文奇怪的舞姿。只有一羣小癩蛤蟆，興高采烈地跟在文文身後，學着他的樣子胡亂地跳，一副很開心的樣子。

「哎呀呀，這可怎麼辦？」

「這樣跳會被神靈懲罰的啊！」

「快叫他停下來吧，把我們的孩子都教壞了！」

…………

癩蛤蟆們的喉嚨一鼓一鼓的，起勁地叫着。

「現在，現在就把他帶走吧！拜託了！」把我帶來的小癩蛤蟆衝到我面前說。

「哦。」

我只好走到文文面前。

文文看到我，停下舞步，往後退了一步。

「文文，你還記得我嗎？我是不小心弄破你的卵的李小雨。」我說，「我一直想向你道歉。對不起，是我太粗心了。你想怎麼懲罰我都可以，只要你能跟我回去，重新封印《獸譜》。」

文文那雙閃亮的眼睛看着我，半天沒有出聲。

「跟她走吧！」忽然，一隻癩蛤蟆大聲喊，「她這麼誠懇地認錯，有甚麼事情是不能被原諒的呢？」

「話不能這麼說。」另一隻癩蛤蟆說，「認錯是犯錯的人應該做的事情，但是原諒不原諒，應該怪獸自己來決定。誰規定了認錯就一定要被原諒……」

他的話還沒說完，一隻繫着圍裙的癩蛤蟆就用手裏的水瓢狠狠地打了一下他的後腦勺：「噓！別多嘴！」

「求你了，怪獸，跟這個女孩走吧。」繫圍裙的癩蛤蟆央求道。

她這麼一央求，癩蛤蟆們像大合唱似的央求起來：

「離開這裏吧！」

「回到原來的地方去吧！」

「和她一起離開吧！」

…………

在這樣的氣氛裏，文文不想走似乎都不行了。於是，他朝我點了點頭。

「太好了！謝謝你！」我高興得眼淚都快流下來了。

全村的癩蛤蟆排成一排，為我們送行。他們一直送我們回到了我來的地方。

「再見了……不、不，不要再見了。」

文文難過地舔了舔圍在他周圍的小癩蛤蟆們。

領路的癩蛤蟆抓住一根不知道從哪裏垂下來的繩子，使勁往下一拉。然後，就像突然地震了一樣，我們腳下的土地劇烈震動起來，緊接着我的眼前一黑……

等到再睜開眼睛的時候，我和文文已經被荷包變成的大癩蛤蟆吐了出來，重重地落在了牀上。

大癩蛤蟆就像是吃了甚麼不好消化的東西，一個勁地打嗝。每打一次嗝，他就會變小一圈。打嗝打到最後，他變得只有普通癩蛤蟆般大小了。這時候，只聽「呼」的一聲，癩蛤蟆又變成了布荷包。

「哇！真夠刺激的。」我不禁感歎。

趁媽媽還沒回來，我帶着文文快速離開了辦公室，朝壽安宮走去。半路上我們碰到了野貓小崽兒和平安，我讓他們分別去通知怪獸們和楊永樂。

讓人想不到的是，等我和文文到達壽安宮時，怪獸們居然已經在裏面等我們了。

我把文文交給斗牛。我和剛剛趕來的楊永樂想親眼見證《獸譜》被重新封印，龍不客氣地拒絕了我們的請求。他讓守在門外的天馬，用最快的速度把我們分別送回了西三所和儲秀宮。

當我失望地走進媽媽的辦公室時，媽媽正在看着那個蛤蟆荷包發呆。

「媽媽，你回來了！」

「這個……從哪兒來的？」媽媽抬起頭問。

「我撿的。想給你看看是不是故宮丟失的藏品。」

「故宮裏好像沒有這樣的藏品……」媽媽歪着頭說，「不過，為甚麼我看它這麼眼熟呢？」

她盯着荷包看了許久，皺着眉頭思索着。忽然，她的眼睛一亮。

「對了！」媽媽跑到書架前，手忙腳亂地翻找着上面的書，終於，她抽出了一本又大又厚的畫冊，「嗯，就是它。」

她費力地把畫冊搬到桌子上，開始在目錄中尋找：「如果我沒記錯的話……啊哈，沒錯！小雨，看這裏！」

我湊到她身邊，畫冊被翻到的那頁上是一幅褐色底色的畫。上面畫着十幾個長相可愛的老爺爺，他們帶着面具、花枝和各式帽子，手裏拿着木板、竹簡、水瓢、炊帚、鈴鐺、響板這些東西，正在鼓點的伴奏下跳舞。

「這是儺舞？」我大吃一驚。

「你居然知道儺舞？我真的不能小看你了。」媽媽比我還吃驚，「你說得沒錯，這幅畫是宋代的《大儺圖》，現在就被收藏在故宮裏。這上面畫的就是人們跳儺舞的場景。儺舞是……」

「儺舞是人們驅除疾病和災難，祈求神靈保佑和豐收的一種儀式。」我接過話。

「是的！」媽媽更吃驚了，「這些都是楊永樂告訴你的嗎？」

我微微一笑，沒有回答。如果我告訴她，這些都是一隻癩蛤蟆告訴我的，不知道她會是甚麼表情。

「你看這個人。」媽媽指着圖片左下角的白鬍子老爺爺說。

那位老爺爺頭上戴着插有桃花的帽子，手裏舉着一隻孔雀翎，高興地跳着舞。

「他挺可愛。」

「你看他腰上掛的是甚麼？」

我順着媽媽手指的方向看過去，眼睛一下子睜得老大：「這是……那個荷包？」

「是不是一模一樣？」媽媽興奮地問。她把蛤蟆荷包拿過來，和圖片上的荷包比對。果然，這兩個荷包的顏色、樣式甚至上面的花紋都一絲不差。

「畫裏的荷包怎麼會變成真的了？」我脫口而出。

我忽然意識到了甚麼，但卻並不希望被媽媽發現。

「是太奇怪了。」媽媽直起腰說，「明天，我要去庫裏把《大儺圖》找出來看看，會不會上面少了甚麼？」

「怎麼可能？您想多了吧。」我趕緊說。

「哈哈，是啊。」媽媽笑了，「要真是我想的那樣，可就見鬼了。趕緊睡覺吧。」

我們關了燈，一邊說着笑，一邊鑽進了被窩。

月光從玻璃窗照進來，正好照到蛤蟆荷包上。窗外，一陣捲着枯葉的風「呼啦啦」地吹過，樹影在月光下晃動了一下。就在這一晃之間，蛤蟆荷包不見了！

故宮小百科

《大儺圖》：縱67.4厘米，橫59.2厘米，絹本，設色，描繪了民間驅除疾病及祈求豐收的古老習俗——儺。圖上總共有十二個奇裝異服的人，戴着各式帽子，如冠、斗笠、粗角的獸頭及簸箕等器具。手裏拿着鼓、鈴等樂器，身上攜帶扇、簍、帚等用具。他們戴着面具，圍成一團，手舞足蹈，動作滑稽而誇張，充滿歡樂的氣氛。